GRÊLES

DU DÉPARTEMENT DU RHONE

DÉGATS, PÉRIODICITÉ, DIRECTIONS

DES ORAGES A GRÊLES

PAR

MM. FOURNET ET MAXIME BENOIT

La question des orages, suscitée par M. le Sénateur Leverrier, devait amener celle des grêles, qui en constituent trop souvent la partie la plus désastreuse. Une circulaire fut donc adressée à MM. les préfets, afin d'organiser dans leurs départements les recherches au sujet des ravages occasionnés par ces météores, et je fus chargé de celles qui concernent ma circonscription.

D'autre part, d'anciennes ordonnances avaient imposé a MM. les maires l'envoi à leurs préfectures d'un rapport sur chacune des chutes de ces congélations, indiquant sa date, les sortes de récoltes perdues, leurs valeurs, et les sommes accordées en remises ou modération. Enfin, ces feuilles devaient être conservées dans les archives préfectorales, afin de servir un jour à une statistique du département.

i

Jusque là, rien de plus simple en apparence ; mais ce service, remontant à 1819, je me trouvai, de prime abord, en présence d'une volumineuse bibliothèque, contenant, dans une soixantaine de cartons, les expéditions successives de chaque mairie, classées avec tout le soin que notre excellent archiviste, M. Gauthier, apporte à ses arrangements.

Cet ordre me permit bientôt de mettre en évidence certaines lacunes, et, à cet égard, je dois signaler spécialement la station de Villefranche, qui s'est affranchie de sa tâche, probablement à cause de son rang de sous-préfecture. Cette abstention et d'autant plus regrettable que mes recherches sur les coups de foudre ont démontré qu'ils ne lui sont pas épargnés, et qu'en conséquence, la grêle y doit sévir fréquemment. D'ailleurs, en quoi ce chef-lieu d'arrondissement pourrait-il être mis en parallèle avec Lyon, où la même absence de données a pour excuse son rôle de grande ville, dont l'agriculture est forcément exclue, tandis que, par sa constitution, Villefranche se classe très-naturellement au rang des communes rurales.

En fait d'imperfections d'un autre ordre, je dois encore indiquer l'existence d'un grand nombre de ces grêles qui n'ont pas leurs dates. La science regrettera certainement ces omissions, car ce simple défaut d'un soin qu'on peut dire vulgaire et qui d'ailleurs doit être pris pour toutes les pièces administratives, affaiblit la portée de certains résultats auxquels tendaient les observations. Comment, par exemple, constater rigoureusement le fait de la périodicité des retours du météore sans cette annotation si simple et si élémentaire ?

A l'égard de la première année 1819, on se trouve en présence d'une longue file de grêles sans autre date que celle de Curis, placée en tête de la colonne. Cette anomalie singulière a été expliquée en supposant qu'à défaut d'expérience, MM. les maires se réunirent à Curis, chez l'un d'un, afin de rédiger ensemble le rapport représenté par la page en question. Tout bien considéré, cette histoire n'est pas dépourvue de toute apparence de vérité. Elle s'accorde avec les efforts que faisaient alors, en commun, nos pères pour s'opposer aux ravages du météore dans le Beaujolais et le Maconnais, où ils érigèrent à grands frais des *tours canonnières* et des *para-grêles*. Cependant elle ne s'accorde pas avec la répétition des mêmes défauts en 1820, 1821, 1822 et 1823.

Une lacune d'un genre différent ne peut manquer d'appeler l'attention. Il s'agit des colonnes où sont relatées les indemnités accordées aux communes ainsi que leur emploi. Évidemment, elles avaient une certaine signification dans l'origine; mais, les Conseils généraux pressés par les besoins des grands travaux publics ont dû réduire la somme de leurs libéralités et, naturellement, les répartitions des Conseils municipaux devinrent intermittentes ou bien elles suivirent une marche décroissante. Actuellement, le cas échéant, ceux-ci se bornent à ajouter ces résidus de comptabilité aux appointements du garde-champètre, à en faire l'objet de quelque charité, ou bien tout autre usage équivalent.

Au surplus, quelques autres parties des feuilles municipales auraient encore pu se prêter à diverses questions; mais, faute de raisons positives, le plus simple est de s'abstenir, pour passer directement à l'organisation du travail qui m'était demandé.

Certes, en pareille occurrence, il ne fallait guère songer à opérer isolément; c'eût été éterniser l'ouvrage. Mais comme j'avais en M. Benoit, employé à notre bel établissement de la Condition des Soies de Lyon, un calculateur exact et déjà

formé à l'ordre scientifique, je n'hésitai pas à me l'adjoindre
en qualité de collaborateur. Nous combinâmes donc nos
tableaux de façon à leur donner les formes les plus simples,
en y introduisant la concision et la régularité, qui ne pouvaient
pas être la part de nos autorités rurales. Aucun des détails
essentiels, consignés dans leurs rapports, ne devait être omis,
et je me réservai les tâches déjà suffisamment pénibles de la
révision des épreuves, de leur confrontation avec les manus-
crits, ainsi que la partie des déductions météorologiques.

Au fond, MM. les Maires n'avaient à envoyer que des feuilles
uniformes dont le contenu ne consistait qu'en une indication
des grêles d'après les dates et les noms des localités frappées,
le tout étant accompagné des détails de nature à motiver leurs
demandes en indemnité.

Eh bien ! pour la construction d'un premier système de
tableau, cet ordre ne demandait qu'à être régularisé en le
complétant par le régime alphabétique et ainsi a été obtenue
une souche dont on pourra faire dériver une série d'autres
combinaisons. Tel est l'ensemble N° I.

Toutefois, considérant que dans celui-ci la recherche des
faits concernant quelques points spéciaux, peut devenir une
opération assez longue, j'ai cru devoir dresser une autre
table des grêles en la disposant par communes classées alpha-
bétiquement de façon que l'une aidant l'autre, les compul-
sions de ce genre deviennent très-faciles. L'ensemble N° II
est le produit de cet enchaînement.

Nous avons mis à la suite de la IIe partie le classement des
communes d'après le nombre des grêles, en commençant par
celles qui ont été le plus éprouvées.

Les communes de Villeurbane, Venissieux, Bron et Vaux-
en-Velin ne faisant partie du département du Rhône que de-

puis quelques années, l'on n'a donc pu constater leurs orages que depuis leur annexion.

Voulant de nouveau bien déterminer la marche des grêles dans le département, nous avons pris, dans la première partie de notre travail, les principaux orages que nous avons indiqués en suivant leurs parcours.

On remarquera, que souvent dans la même journée, plusieurs orages ont eu lieu sur des points différents, souvent même opposés les uns des autres ; nous avons donc réuni dans une même accolade les communes ravagées par le même orage en indiquant la chaîne de montagnes, le massif ou l'arète qui a dû servir de point de départ.

Désirant connaître les journées de l'année les plus sujettes aux intempéries, nous avons fait un tableau indiquant depuis le 1er avril jusqu'au 31 octobre, le nombre des orages de chaque jour. Nous en avons fait une courbe pour être comparée à celle déjà publiée pour les orages du bassin de la Saône, de 1835 à 1855.

La dernière partie indique par année et par saison le nombre des journées orageuses et le nombre des communes frappées par les grêles. Nous avons fait ensuite les courbes d'après les données numériques de ce tableau.

RELEVÉ

DES GRÊLES ET DE LEURS DÉGATS

DANS

LE DÉPARTEMENT DU RHONE

D'APRÈS LES DOCUMENTS OFFICIELS

DEPUIS 1819 JUSQU'EN 1866 INCLUSIVEMENT

ÉPOQUES	COMMUNES	INTEMPÉRIES	SORTES DE RÉCOLTES PERDUES	VALEURS DES RÉCOLTES PERDUES	SOMMES ACCORDÉES EN REMISE OU MODÉRATION	
1819.					FR.	C.
26 Juillet	Curis.	Grêle.	Récoltes div.	Aucune de désignée	189	»
Sans date	Arbresle (l')	Gelée et grêle. . .	»	»	26	»
»	Ampuis	Sans indication. .	»	»	1,415	»
»	Bibost	»	»	»	342	»
»	Brussieux	»	»	»	159	»
»	Brignais	Grêle.	»	»	127	95
»	Brulliolles	Sans indication . .	»	»	47	49
»	Chambost.	»	»	»	138	»
»	Chapelle-de-Vaudragon	Grêle.	»	»	129	»
»	Chaussan.	Sans indication . .	»	»	274	»
»	Charbonnières	Grêle.	»	»	31	»
»	Chassagny	Grêle et gelée. . .	»	»	51	»
»	Condrieu.	Grêle et inondation	»	»	583	»
»	Chères (les)	Sans indication . .	»	»	117	»
»	Chevinay.	Grêle, gelée, pluie	»	»	139	»
»	Civrieux-d'Azergues. .	Sans indication . .	»	»	117	»
»	Dommartin	Grêle.	»	»	189	»
»	Échallas	Sans indication . .	Vignes . . .	»	127	»
»	Fleurieux-sur-Saône . .	»	»	»	129	»
»	Grézieux-la-Varenne. .	Grêle.	Récoltes div.	»	81	»
»	Grézieux-le-Marché . .	»	»	»	139	»
»	Hayes (les).	»	»	»	42	»
»	Larajasse	Grêle et pluie. . .	»	»	355	»
»	Limonest.	Sans indication . .	Vignes . . .	»	276	»
				»		

ÉPOQUES	COMMUNES	INTEMPÉRIES	SORTES DE RÉCOLTES PERDUES	VALEURS DES RÉCOLTES PERDUES	SOMMES ACCORDÉES EN REMISE OU MODÉRATION	
Suite de 1819					FR.	C.
Sans date	Loire.	Sans indication . .	Récoltes div.	Aucune de désignée	516	»
»	Marcy-Ste-Consorce . .	»	»	»	229	»
»	Montagny.	»	»	»	100	»
»	Poleymieux.	»	»	»	93	»
»	Pollionnay	Grêle.	»	»	185	»
»	Pomeys	Sans indication . .	»	»	82	»
»	Rontalon	»	»	»	260	»
»	Sain-Bel	Grêle.	»	»	647	»
»	Savigny	Grêle et gelée. . .	»	»	165	»
»	Souzy	Sans indication . .	»	»	54	»
»	Saint-André-la-Côte . .	»	»	»	69	»
»	Ste-Catherine-s.-Riverie	Grêle et vents. . .	»	»	133	»
»	Sainte-Colombe . . .	Grêle.	»	»	108	»
»	Saint-Cyr-s.-Rhône . .	Grêle et gelée. . .	»	»	286	»
»	St-Didier-au-Mont-d'Or.	Sans indication . .	»	»	286	»
»	Saint-Didier-s.-Riverie.	»	Vignes . . .	»	239	»
»	Ste-Foy-l'Argentière . .	»	Récoltes div.	»	57	»
»	St-Genis-l'Argentière .	»	»	»	110	»
»	St-Genis-les-Ollières .	Grêle.	Vignes . . .	»	254	»
»	St-Germain-au-Mt-d'Or.	»	»	»	97	»
»	St-Germain-s-l'Arbresle	Sans indication . .	Récoltes div.	»	210	»
»	Saint-Julien-s.-Bibost .	Grêle et gelée . .	»	»	131	»
-	St-Martin-de-Cornas. .	»	»	»	25	»
»	St-Romain-en-Gal . . .	Grêle.	»	»	108	»
»	Saint-Romain-en-Gier.	Sans indication . .	»	»	10	»
»	St-Symphorien-s.-Coise	»	»	»	53	»
»	Tour-de-Salvagny . . .	Grêle.	»	»	81	»
»	Vaugneray	Pluie et grêle . .	»	»	200	»
1820						
Sans date	Tassin	Grêle.	Récoltes div.	»	9	»
»	Tupin-Semons.	»	»	»	466	»
1821						
Sans date	Bibost	Sans indication . .	Récoltes div.	»	150	»
»	Grézieux-la-Varenne .	»	»	»	160	»
»	Montagny	»	Vignes . . .	»	40	»
»	St-Martin-de-Cornas .	»	Récoltes div.	»	30	»
1822						
Sans date	Ampuis	Sans indication . .	Récoltes div.	»	496	»
»	Aveize	Grêle.	»	»	615	»
»	Brignais	Sans indication . .	»	»	60	»
»	Chambost	»	»	»	296	»
»	Chapelle-de-Vaudragon	Grêle.	»	»	192	»
»	Chaussan.	Sans indication . .	»	»	410	»
»	Condrieu.	Grêle et pluie .	Vignes . . .	»	375	»
»	Chevinay.	Grêle.	Récoltes div.	»	311	»
»	Chiroubles	Grêle et pluie . .	Vignes . . .	»	683	»
»	Civrieux-d'Azergues. .	Grêle.	Récoltes div.	»	41	12
»	Cours	Sans indication . .	»	»	683	»
»	Courzieux	Grêle.	»	»	480	»
»	Darcizé.	Sans indication . .	»	»	135	»
»	Dième	»	»	»	41	»
»	Dommartin.	»	»	»	120	»
»	Duerne.	Grêle.	»	»	248	»

ÉPOQUES	COMMUNES	INTEMPÉRIES	SORTES DE RÉCOLTES PERDUES	VALEURS DES RÉCOLTES PERDUES	SOMMES ACCORDÉES EN REMISE OU MODÉRATION	
Suite de 1822					FR.	C.
Sans date	Durette.	Grêle et pluie . .	Vignes . . .	Aucune de désignée	570	»
»	Etoux (les)	»	»	»	683	»
»	Fleurie.	Grêle.	Récoltes div.	»	683	»
»	Grézieux-le-Marché. .	»	»	»	280	»
»	Halles (les). Le Fenoïl.	Sans indication . .	»	»	103	»
»	Haute-Rivoire. . . .	Grêle.	»	»	203	»
»	Hayes (les).	»	»	»	171	»
»	Joux	Sans indication . .	»	»	91	»
»	Lantignié.	Grêle et pluie . .	Vignes. . . .	»	683	»
»	Larajasse.	Grêle.	»	»	410	»
»	Lentilly	»	»	»	271	»
»	Lissieux	Sans indication . .	Récoltes div.	»	48	»
»	Loire.	»	»	»	364	»
»	Longes et Trèves . . .	Grêle, pluie , inondation .	»	»	638	»
»	Marchampt.	Grêle.	»	»	137	»
»	Messimy	Sans indication . .	»	»	44	»
»	Meys	Grêle.	»	»	451	»
»	Monsols	Grêle et pluie . .	»	»	456	»
»	Montagny	Sans indication . .	Vignes. . .	»	66	»
»	Montromant	Grêle, inondation .	Récoltes div.	»	248	»
»	Mornant	Grêle.	»	»	285	»
»	Oingt	»	»	»	333	»
»	Olmes	Sans indication .	»	»	396	»
»	Orliénas	Grêle, gelée. . . .	»	»	260	»
»	Pollionnay	Sans indication . .	»	»	468	»
»	Pomeys	Grêle.	»	»	252	»
»	Quincié	Sans indication . .	Vignes. . . .	»	1,367	»
»	Régnié.	»	Récoltes div.	»	911	»
»	Rontalon	»	»	»	275	»
»	Sauvages (les)	Grêle.	»	»	80	»
»	Sourcieux-s.-Sain-Bel .	Grêle et pluie . .	»	»	116	»
»	Souzy	Sans indication . .	»	»	140	»
»	St-Andéol-le-Château .	»	»	»	328	»
»	Ste-Catherine-s-Riverie	Grêle et pluie . .	»	»	162	»
»	St-Clément-des-Places.	Grêle.	»	»	242	»
»	St-Clément-s.-Valsonne	Sans indication . .	»	»	267	»
»	Sainte-Colombe. . . .	Grêle.	»	»	115	»
»	St-Cyr-au-Mont-d'Or. .	Grêle et pluie . .	»	»	209	»
»	St-Cyr-s.-le-Rhône . .	Grêle.	Vignes. . . .	»	109	»
»	Ste-Foy-l'Argentière. .	Sans indication . .	Récoltes div.	»	66	»
»	Saint-Jean-de-Toulas .	»	»	»	245	»
»	St-Laurent-de-Chamous	Grêle.	»	»	239	»
»	Saint-Loup.	»	»	»	103	»
»	Saint-Marcel	Sans indication . .	»	»	228	»
»	Saint-Romain-en-Gal. .	Grêle.	»	»	187	»
»	St-Romain-de-Popey . .	»	»	»	123	»
»	Saint-Sorlin	Sans indication . .	»	»	178	»
»	St-Symphorien-s.-Coise	»	»	»	83	»
»	Taluyers	»	»	»	80	»
»	Thel	»	Vignes. . . .	»	273	»
»	Thurins	»	Récoltes div.	»	253	»
»	Tupin-Semons	»	»	»	166	»
»	Vaugneray	Grêle et pluie . .	Vignes. . . .	»	398	»

ÉPOQUES	COMMUNES	INTEMPÉRIES	SORTES DE RÉCOLTES PERDUES	VALEURS DES RÉCOLTES PERDUES	SOMMES ACCORDÉES EN REMISE OU MODÉRATION
					FR. C.
Suite de 1822					
Sans date	Vaux.	Grêle et pluie . .	Vignes. . . .	Aucune de désignée.	1,321 »
»	Vaux-Renard	»	»	»	683 »
»	Ville-sur-Jarnioud. . .	Grêle	»	»	333 »
»	Yzeron.	Sans indication . .	Récoltes div.	»	164 »
1823				»	
Sans date	Ampuis	Sans indication . .	Récoltes div.	»	195 »
»	Arbuissonnas.	»	Vignes. . . .	»	130 »
»	Blacé.	»	»	»	80 »
»	Brignais	»	Récoltes div.	»	750 »
»	Brulliolles	Grêle.	»	»	47 49
»	Chaussan.	Sans indication . .	»	»	225 »
»	Charantay	»	»	»	1,100 »
»	Coise	Grêle.	»	»	433 »
»	Condrieu	Sans indication . .	Vignes. . . .	»	269 »
»	Chessy.	»	»	»	40 »
»	Couzon.	»	»	»	290 »
»	Dommartin.	»	Récoltes div.	»	55 »
»	Échallas	»	Vignes. . . .	»	402 »
»	Fleurieux-s.-Saône . .	»	»	»	68 »
»	Fleurieux-s.-l'Arbresle	»	Récoltes div.	»	143 »
»	Irigny	»	Vignes. . . .	»	300 »
»	Limonest.	»	»	»	260 »
»	Montrotier	Grêle.	Récoltes div.	»	207 »
»	Odenas.	Sans indication . .	»	»	600 »
»	Orliénas	Grêle et gelée . . .	»	»	265 »
»	Rontalon	Grêle.	»	»	480 »
»	Soucieu-en-Jarret . . .	Grêle et gelée. . .	»	»	230 »
»	St-Andéol-le-Château .	Sans indication . .	»	»	208 »
»	St-Didier-s.-Riverie. .	Grêle	»	»	182 »
»	St-Etienne-la-Varenne .	Sans indication . .	Vignes. . . .	»	3,000 »
»	St-Jean-de-Toulas . . .	»	Récoltes div.	»	245 »
»	St-Just-d'Avray . . .	»	»	»	120 »
»	St-Laurent-d'Agny . .	Grêle et gelée. . .	»	»	195 »
»	St-Martin-en-Haut. . .	Grêle et inondation.	»	»	401 »
»	St-Maurice-s-Dargoire.	Grêle et gelée. . .	»	»	300 »
»	St-Romain-au-Mt-d'Or.	Grêle.	Vignes. . . .	»	200 »
»	St-Sorlin	Sans indication . .	Récoltes div.	»	178 »
»	Taluyers.	»	Vignes. . . .	»	154 »
»	Thurins	Grêle et pluie . .	Récoltes div.	»	740 15
»	Vaux.	Grêle.	Vignes. . . .	»	4,500 »
»	Vourles	Grêle et gelée. . .	»	»	2,300 »
1824					
14 Mai. .	Valsonne.	Grêle.	Récoltes div.	»	Dem. d'indem.
				FR. C.	
31 Mai. .	Azolette	»	Grains. . . .	2,640 »	Auc.rem.désig.
10 Juillet	Albigny	»	Vignes. . .	4,760 »	»
»	Bessenay.	»	Récoltes div.	41,175 »	»
»	Bibost	»	»	13,908 »	»
»	Brussieux	»	»	24,908 80	»
»	Brulliolles	»	»	20,902 »	»
»	Chasselay	»	Vignes. . .	4,821 »	»
»	Chevinay.	»	Récoltes div.	142,240 »	»

ÉPOQUES	COMMUNES	INTEMPÉRIES	SORTES DE RÉCOLTES PERDUES	VALEURS DES RÉCOLTES PERDUES	SOMMES ACCORDÉES EN REMISE OU MODÉRATION
				FR. C.	FR. C.
Suite de 1824					
»	Civrieux-d'Azergues. .	Grêle.	Récoltes div.	26,824 »	Auc.som.désig.
»	Courzieux	Grêle et pluie. . .	»	109,163 »	»
» 2 b.t.	Dommartin.	Grêle.	»	31,530 »	»
«	Limonest.	»	Vignes. . . .	79,295 »	»
»	St-Germain au Mt-d'Or.	»	»	11,443 75	»
»	St-Laurent-de-Chamous	»	Récoltes div.	29,720 02	»
» 9 b.t.	St-Pierre-la-Palud . . .	»	»	69,694 »	»
18 Juillet	Anse.	»	Vignes. . . .	305,332 »	»
»	Brussieux.	»	Récoltes div.	S. réunie au 10 Juill.	»
»	Chambost	»	»	38,735 »	»
»	Chasselay	»	Vignes. . . .	S. réunie au 10 Juill.	»
»	Liergues	»	»	13,937 »	»
»	Longessaigne	»	Récoltes div.	30,599 80	»
»	Lucenay	»	»	81,916 »	»
»	Marcy et Lachassagne.	»	Vignes. . . .	13,740 »	»
»	Neuville	»	Récoltes div.	22,256 »	»
»	Pommiers	»	Vignes. . . .	52,416 »	»
»	Pouilly-le-Monial . . .	»	»	59,220 »	»
»	Quincieux	»	»	78,632 »	»
»	St-Clément-les-Places.	»	Récoltes div.	29,201 50	»
»	St-Germain au Mt-d'Or.	»	Vignes . . .	S. réunie au 10 Juill.	»
19 Juillet	Ambérieux	»	Récoltes div.	80,519 »	»
1er Août.	Charentay	»	Vignes . . .	20,432 »	»
»	Odenas.	»	»	93,775 »	»
»	St-Etienne-la-Varenne .	»	»	262,700 »	»
»	St-Jean-d'Ardière . . .	»	Récoltes div.	88,560 »	»
»	Vaux.	»	Vignes. . . .	68,040 »	»
13 Août.	Brignais	»	Vignes. . . .	11,289 »	»
»	Chaussan.	»	Récoltes div.	17,480 »	»
»	Charly	»	Vignes . . .	68,872 »	»
»	Chassagny	»	Récoltes div.	10,080 »	»
»	Claveisolles	»	»	7,855 »	»
»	Corcelles.	»	Vignes. . . .	38,390 »	»
»	Durette.	»	»	19,050 »	»
»	Irigny	»	»	66,151 »	»
»	Lantignié.	»	»	41,480 »	»
»	Larajasse.	»	Récoltes div.	44,976 »	»
»	Marchampt.	»	Vignes . . .	11,360 »	»
»	Montagny.	»	»	49,176 »	»
»	Mornant	»	»	142,350 »	»
»	Orliénas	»	»	41,940 »	»
»	Quincié.	»	»	63,750 »	»
»	Régnié	»	»	51,075 »	»
»	Riverie.	»	»	2,040 »	»
»	Rontalon	»	Récoltes div.	26,700 »	»
»	St-André-la-Côte. . . .	»	»	27,962 »	»
»	Ste-Catherine-s.-Riverie	»	»	69,430 »	»
»	St-Didier-sur-Riverie .	»	»	72,450 »	»
»	Saint-Jean-d'Ardière. .	»	»	S. réunie au 1er Août.	»

ÉPOQUES	COMMUNES	INTEMPÉRIES	SORTES DE RÉCOLTES PERDUES	VALEURS DES RÉCOLTES PERDUES	SOMMES ACCORDÉES EN REMISE OU MODÉRATION
Suite de 1824					FR. C.
S. du 13 août.	Saint-Laurent-d'Agny .	Grêle	Récoltes div.	43,815 »	Auc. som. désig.
»	Saint-Sorlin	»	»	14,850 »	»
»	Taluyers	»	Vignes	30,105 »	»
» 3 h.s.	Villié	»	»	171,900 »	»
»	Vourles	»	»	103,489 92	»
18 Août .	Étoux (les)	»	»	31,530 »	»
					»
Sans date	St-Maurice-s.-Dargoire.	»	Récoltes div.	Sans désig. de valeurs	790
1825					
1826					
2 Juin . .	Chaussan	Grêle	»	6,830 »	Auc. som. désig.
					»
4 Juillet .	Beaujeu	»	Vignes	3,360 »	»
»	Étoux (les)	»	Récoltes div.	20,736 »	»
5 Juillet .	Saint-Mamert	»	»		Dem. d'indem.
15 Juillet	Avenas	»	»	5,388 »	Auc. som. désig.
23 Juillet	Mornant	»	Vignes	16,572 »	»
Juillet	St-Didier-sur-Beaujeu. .	»	Récoltes div.	2,849 »	»
»	Saint-Laurent-d'Agny .	»	»	6,300 »	»
5 Août . .	Curis	»	»	42.537 »	»
»	Mornant	»	Vignes	S. réunie au 23 Juill.	»
»	Ouilly	»	»	23,640 »	»
»	Ouroux	»	Récoltes div.	23,303 »	»
»	Poleymieux	»	»	29,960 »	»
»	St-Étienne-la-Varenne .	»	Vignes	74,960 »	»
»	St-Germain-au-Mt-d'Or.	»	»	64,714 »	»
»	Saint-Sorlin	»	Récoltes div.	2.750 »	»
6 Août . .	Vaux	»	Vignes	62,260 »	»
10 Août .	Régnié	»	»	100,760 »	»
»	St-Jacques-des-Arrêts .	»	Récoltes div.	4,400 »	»
»	Vernay	»	Vignes	2,904 »	»
20 Août .	Ardillats (les)	»	Grains	1,248 »	»
26 Août .	St-Bonnet-des-Bruyères.	»	Récoltes div.	5,872 »	»
»	Saint-Christophe	»	»		Dem. d'indem.
»	St-Didier-sur-Beaujeu	»	Vignes	S. r. au mois de Juill.	Auc. som. désig.
Sans date	Saint-Igny-de-Vers . .	»	Récoltes div.	35,638 »	»
1827					
14 Juin .	Saint-Julien-s.-Bibost .	Grêle	»	54,000 »	»
22 Août .	Bessenay	»	Vignes, avoin.	15,400 »	»
1828					
1er Mai .	Salles	Grêle . . . . ,	Récoltes div.	25,879 »	»

ÉPOQUES	COMMUNES	INTEMPÉRIES	SORTES DE RÉCOLTES PERDUES	VALEURS DES RÉCOLTES PERDUES	SOMMES ACCORDÉES EN REMISE OU MODÉRATION
				FR.　C.	FR.　C.
Suite de 1828					
6 Mai . .	Albigny.	Grêle	Vignes. . .	1,500　»	Auc.som.désig.
»	Couzon.	"	»	27,074 70	»
»	St-Maurice-s.-Dargoire	"	Récoltes div.	10.680　»	»
»	St-Romain-au-Mt-d'Or.	"	Vignes. . . .	7,500　»	»
21 Mai. .	Arnas	"	Récoltes div.	5,295　»	»
»	Echallas	"	Vignes. . . .	13,440　»	»
»	Ouilly	"	»	11,900　»	»
15 Juin .	Avenas	"	Récoltes div.	11,934　»	»
17 Juin 4 h.s.	Arbuissonnas	"	Vignes. . . .	4,744　»	»
»	Charantay	"	Récoltes div.	54,129　»	»
»	Corcelles.	"	Vignes. . . .	67,260　»	»
"	Dracé	"	Récoltes div.	41,541 50	»
»	Lancié	"	Vignes. . . .	135,176　»	»
»	Quincié.	"	»	38,979　»	»
»	Régnié	"	»	40,230　»	»
»	Salles.	"	»	S. réunie 1er Ma'	»
»	St-Etienne-la-Varenne	"	»	86,725　»	»
»	Saint-Jean-d'Ardière. .	"	»	59,327　»	»
»	Villié.	"	»	128,129　»	»»
5 Juillet.	Duerne.	"	Récoltes div.	24,960　»	»
»	Messimy	"	»	10,250　»	»
»	Saint-Martin-en-Haut	"	»	30,400　»	»
»	Thurins.	"	»	1,800　»	»
6 Juillet .	Ambérieux	"	»	4,968 30	»
»	Anse	"	»	54,241 20	»
»	Bois-d'Oingt.	"	Vignes. . . .	13,720　»	»
»	Breuil (le).	"	Récoltes div.	37.496　»	»
»	Bully.	"	Vignes. . . .	84,569　»	»
»	Chessy	"	Récoltes div.	15,250　»	»
» 8 h.s.	Dareizé.	"	Vignes. . . .	25,749　»	»
»	Frontenas.	"	Récoltes div.	11,020　»	»
»	Joux	"	»	70,249　»	»
»	Lucenay	"	»	42,215 20	»
»	Olmes (les).	"	»	17,866　»	»
»	Sarcey . . . . , . .	"	»	107,990　»	»
»	Sauvages	"	»	9,208 55	»
»	St-Clément-s.-Valsonne.	"	"		Dem. d'indem.
»	St-Germain-s-l'Arbresle.	"	»	1,272　»	Auc.som.désig.
» 3 h.s.	Saint-Loup	"	»	58,517　»	»
»	Saint-Marcel.	"	»	22,000　»	»
»	Saint-Romain-de-Popey.	"	»	17,460　»	»
»	Saint-Verrand.	"	»	35,677　»	»
»	Tarare	"	»	59,689　»	»
19 Juillet	Echallas	»	Vignes. . . .	S. réunie au 21 mai.	»
»	Longes et Trèves . . .	»	Récoltes div.	22,080　»	»
25 Juillet	Saint-Christophe . . .	"	»		Dem. d'indem.

ÉPOQUES	COMMUNES	INTEMPÉRIES	SORTES DE RÉCOLTES PERDUES	VALEURS DES RÉCOLTES PERDUES	SOMMES ACCORDÉES EN REMISE OU MODÉRATION
				FR. C.	FR. C.
Suite de 1828					
25 Juillet	St-Jacques-des-Arrêts	Grêle.	Récoltes div.	2,200 »	Auc. som. désig.
5 Août. .	Ouroux.	»	»	15,280 »	»
9 Août. .	Cogny	»	Vignes. . .	66,210 »	»
»	Ville-sur-Jarnioux. . .	»	»	16,500 »	»
22 Août.	Etoux (les)	»	»	13,425 »	»
2 Sept. .	Chamelet	»	Récoltes div.	3,929 »	»
»	Létrat	»	Vignes. . . .	19,985 »	»
»	Ternand	»	»	16,199 »	»
13 Sept. .	Echallas	»	Vignes. . . .	S. réunie au 21 Mai.	»
»	Hayes (les)	»	»	12,330 »	»
»	Loire.	»	Récoltes div.	20,700 »	»
»	Longes et Trèves . . .	»	»	S. réunie au 19 Juil.	»
»	Ampuis.	»	Vignes. . . .	6,825 »	»
14 au 15 Sept.	Bibost . . . , ...	»	Récoltes div.	14,535 »	»
»	Lentilly.	»	Vignes. . . .	31,120 »	»
1829					
1830					
16 Juil. 6 h.s.	Ampuis.	Grêle.	Vignes. . . .	24,999 »	Auc. som. désig.
»	Dareizé.	Sans indication . .	Récoltes div.	11,822 »	»
»	Limas	Grêle.	Vignes. . . .	28,233 »	»
»	Ouilly	»	»	50,660 »	»
»	Pommiers.	»	»	55,190 »	»
»	Pouilly-le-Monial . . .	»	»	154,000 »	»
»	St-Clément-s-Valsonne.	»	»	12,724 »	»
»	Saint-Vérand	»	»	10,768 »	»
»	Ternand	»	»	15,710 »	»
»	Ville-sur-Jarnioux. . .	»	»	306,810 »	»
18 Juillet	Liergues	»	»	89,990 »	»
Sans date	Condrieu	»	»	6,000 »	»
»	Corcelles	»	»	78,512. »	»
»	Saint-Jean-de-Toulas. .	»	»	49,805 »	»
»	Thel	»	»	15,512 »	»
»	Tupin-Semons	»	»	4,000 »	»
1831					
1832					
1833					
24 Mai. .	Brussieux.	Grêle.	Vignes. . . .	21,750 »	Auc. som. désig.
»	Duerne.	»	Terres. . . .	3,500 »	»
»	Echallas	Vents et grêle. . .	Vignes. . . .	39,840 »	»
»	St-Julien-sur-Bibost . .	Grêle.	Récoltes div.	4,477 »	»
»	Saint-Loup	»	»	2,309 »	»
»	St-Maurice-s.-Dargoire.	»	»	15,837 »	»
» midi.	Thel	Grêle et pluie . .	»	1,445 »	»
28 Mai. .	Courzieux.	»	»	9,089 »	»

ÉPOQUES	COMMUNES	INTEMPÉRIES	SORTES DE RÉCOLTES PERDUES	VALEURS DES RÉCOLTES PERDUES	SOMMES ACCORDÉES EN REMISE OU MODÉRATION
				FR. C.	FR. C.
Suite de 1833 31 Mai. .	Chevinay	Grêle	Récoltes div.	14,835 »	Auc. som. désig.
25 Juin .	Echallas	Vents et grêle. . .	Vignes . . .	S. réunie au 24 Mai	»
8 Juillet .	Chevinay	Grêle	Récoltes div.	1,236 »	»
»	St-Pierre-la-Palud . . .	»	»	9,177 »	»
10 Juillet	Courzieux	Grêle et pluie. . .	»	S. réunie au 28 Mai	»
14 Juillet	Francheville	Grêle	»	19,875 50	»
15 Juillet	Ternand	Grêle et pluie. . .	Vignes. . . .	12,270 »	»
16 Juillet	Poleymieux	Grêle	Récoltes div.	29,300 »	»
»	St-Didier-au-Mont-d'Or	»	Vignes . . .	46,300 »	»
»	St-Germain-au-Mt-d'Or	»	»	46,887 »	»
21 Juillet	St-Martin-de-Cornas	Ouragan et grêle .	Récoltes div.	6,565 »	»
14 Août.	Azolette	Grêle et gelée . . .	Terres, blés.	80 »	
»	Pollionnay	»	Récoltes div.	4,331 »	Auc. som. désig.
»	Propières.	»	»	7,249 »	»
25 Août.	Vaugneray	Grêle	Vignes . . .	1,841 »	»
Sans date	Fleurié	Sans indication . .	Vignes. . . .	17,289 12	»
»	Tassin	Crêle	Récoltes div.		50 »
1834 24 Mai. .	Odenas.	Grêle	Vignes. . . .	25,850 »	Auc. som. désig.
»	Bagnols.	»	»	40,986 »	»
4 Juin. .	Ardillats (les).	Sans indication . .	Récoltes div.	4,590 »	»
10 Juin .	Saint-Lager.	Grêle	Vignes . . .	9,030 »	»
11 Juin .	Régnié	»	»	20,364 »	»
»	Villié. . . . . . , . .	»	»	75,694 »	»
26 Juin .	Bagnols	»	»	S. réunie au 24 Mai	»
2 Juillet.	Oingt	Grêle et averse . .	»	58,923 41	»
»	Sainte-Foy-lès-Lyon. .	Grêle	»	119,031 »	»
»	Sainte-Paule	»	Récoltes div.	30,445 »	»
»	Theizé	Grêle et pluie. . .	Vignes. . . .	32,220 »	»
»	Tassin	Grêle	»	1,045 »	»
3 Juillet.	Marchampt	»	»	34,710 »	»
»	Moiré	Grêle et pluie. . .	Récoltes div.	20,130 »	»
»	Sainte-Foy-lès-Lyon. .	Grêle	Vignes. . . .	S. réunie au 2 Juill.	»
4 Juillet.	Bessenay.	»	Récoltes div.	19,285 »	»
»	Brussieux.	»	Vignes. . . .	4,545 »	»
»	Chevinay. . . . . , .	»	Récoltes div.	10,300 »	»

ÉPOQUES	COMMUNES	INTEMPÉRIES	SORTES DE RÉCOLTES PERDUES	VALEURS DES RÉCOLTES PERDUES	SOMMES ACCORDÉES EN REMISE OU MODÉRATION
				FR. C.	FR. C.
Suite de 1854					
4 Juillet.	Courzieux	Grêle et pluies . .	Récoltes div.	29,870 »	Auc. som. désig.
»	Marchampt	Grêle	Vignes . . .	S. réunie au 5 Juill.	»
»	Messimy	»	»	24,900 »	»
»	Moiré	Grêle et pluies .	Récoltes div.	S. réunie au 5 Juill.	»
»	St-Didier-sur-Riverie .	Grêle.	»	33,383 »	»
»	St-Genis-l'Argentière .	»	»	6,004 »	»
»	Tassin	»	Vignes	S. réunie au 2 Juill.	»
»	Thurins	Grêle et ouragan .	Récoltes div	25,145 »	»
»	Vaugneray	Grêle.	»	7,355	»
5 Juillet.	Oingt	»	Vignes . . .	S. réunie au 2 Juill.	»
»	Ternand	Grêle et pluies . .	»	17,001 »	»
»	Moiré	»	Récoltes div.	S. réunie au 5 Juill.	»
6 Juillet .	Chères (les)	Grêle.	Vignes. . . .	4,308 »	»
»	St-Laurent-de-Vaux. .	»	Récoltes div.	4,486 »	»
»	Quincieux	»	Vignes . . .	10,000 »	»
8 Juillet.	Chambost	»	»	10,712 »	»
»	Haute-Rivoire. . . .	Grêle et pluies . .	»	13,394 »	»
»	St-Clément-les-Places .	Grêle.	Récoltes div.	10,861 »	»
»	St-Cyr-sur-Rhône. . .	»	Vignes. . . .	2,045 »	»
»	St-Didier-sur-Riverie. .	»	»	S. réunie au 4 Juill.	»
»	St-Maurice-s.-Dargoire.	Grêle et pluies .	Récoltes div.	28,917 »	»
17 Juillet	Bagnols.	Grêle.	Vignes . . .	S. réunie au 24 Mai	»
25 Juillet	Chaussan.	Grêle et gelée. . .	Récoltes div.	38,193 85	»
»	Dareizé.	Grêle.	»	9,142 »	»
»	Mornant	»	Vignes. . . .	34,127 »	»
»	Saint-Just-d'Avray . .	Grêle et pluies .	Récoltes div.	2,028 »	»
26 Juillet	St-Maurice-s.-Dargoire.	»	»	S. réunie au 8 Juill.	»
30 Juillet	Arbuissonnas	Grêle.	Vignes. . . .	14,575 »	»
»	Cogny	»	»	81,860 »	»
»	Denicé.	»	»	89,920 »	»
»	Echallas	Grêle, trombe d'eau	»	62,020 »	»
»	Meys.	Grêle.	Récoltes div.	9,016 »	»
»	Rivolet.	»	»	42,520 »	»
»	Vaux.	»	Vignes. . .	4,291 »	»
Juillet.	Rontalon	Gelée, grêle, pluies	Récoltes div.	19,296 »	»
1er Août.	Cenves.	Grêle et pluies. . .	»	867 »	»
»	Chaussan.	Grêle et gelée . . .	»	S. réunie au 25 Juill.	»
»	Meys.	Grêle.	»	» 30 Juill.	»
»	Mornant	»	Vignes. . . .	» 25 Juill.	»
»	St-Genis-l'Argentière .	»	Récoltes div.	» 4 Juill.	»
2 Août. .	Avenas.	Grêle et pluies . .	Terres . . .	5,190 »	»
»	Bibost	Grêle.	Récoltes div.	6,134 »	»
»	Olmes (les).	»	»	1,704 »	»

ÉPOQUES	COMMUNES	INTEMPÉRIES	SORTES DE RÉCOLTES PERDUES	VALEURS DES RÉCOLTES PERDUES	SOMMES ACCORDÉES EN REMISE OU MODÉRATION
				FR. C.	FR. C.
Suite de 1834					
2 Août. .	Saint-Christophe . . .	Grêle.	Récoltes div.	14,270 »	Auc. som. désig.
»	Ternand	Grêle et pluie	Vignes. . . .	S. réunie au 5 Juill.	»
»	Vaux.	Grêle.	»	» 50 Juill	»
5 Août. .	Ternand	Grêle et pluie .	»	S. réunie au 5 Juill.	»
6 Août. .	Cenves.	»	Récoltes div.	S. réunie au 1er Août	»
8 Août. .	St-Martin-de-Cornas.	»	»	13,220 »	»
17 Août .	Halles (les). Le Fenoil.	Grêle.	»	5,671 »	»
»	Joux	Grêles et pluie .	»	5,097 »	»
»	Tarare.	»	»	6,470 »	»
20 Août .	Avenas.	Grêle.	Terres . .	S. réunie au 2 Août	»
25 Août .	Riverie	»	Récoltes div.	1,424 »	»
26 Août .	Affoux	Grêle et pluie .	Terres . . .	2,580 »	»
»	Echallas	Grêle.	Vignes. . . .	S. réunie au 30 Juill.	»
»	Meys	»	Récoltes div.	» 30 Juill.	»
»	Souzy	»	»	3,680 »	»
»	Saint-Forgeux . . .	»	Vignes. . . .	8,474 »	»
»	St-Genis-l'Argentière	»	Récoltes div.	S. réunie au 4 Juill.	»
»	St-Maurice-s.-Dargoire	Grêle et pluies .	»	» 8 Juill.	»
27 Août .	Couzon.	»	Vignes. . . .	33,964 »	»
»	Curis.	Grêle.	Récoltes div.	21,535 »	»
»	Echallas	»	Vignes. . . .	S. réunie au 30 Juill.	»
»	Saint-Julien-s.-Bibost	»	Récoltes div.	7,614 »	»
8 Sept. .	St-Martin-de-Cornas.	Pluie et grêle . .	Récoltes div.	S. réunie au 8 Août	»
17 Sept.	St-Martin-de-Cornas .	»	»	» 8 Août	»
27 Sept.	St-Martin-de-Cornas. .	»	»	» 8 Août	»
Sans date	Saint-Jean-de-Toulas .	Grêle et sécheresse	»	41,964 »	»
»	Vauxrenard.	Grêle et orage . .	Vignes. . . .	6,125 »	»
»	Coise.	Sans indication . .	Récoltes div.	»	100 »
»	Eveux	»	»	»	50 »
»	Fleurieux-s.-l'Arbresle.	»	»	»	100 »
»	Grézieux-le-Marché. .	»	»	»	50 »
»	Hayes (les).	»	»	»	150 »
»	Larajasse.	»	»	»	80 »
»	Loire.	»	»	»	50 »
»	Duerne.	»	Terres . . .	»	50 »
»	Nuelles.	»	Récoltes div.	»	50 »
»	Sauvages	Grêle et pluie . .	»	9,910 »	Auc. som. désig.
»	Savigny	»	»	22,685 »	»
»	St-Andéol-le-Château .	Sans indication	»	»	1,000 »
»	Ste-Catherine-s.-Riverie	»	»	»	230 »

3

ÉPOQUES	COMMUNES	INTEMPÉRIES	SORTES DE RÉCOLTES PERDUES	VALEURS DES RÉCOLTES PERDUES		SOMMES ACCORDÉES EN REMISE OU MODÉRATION	
Suite de 1854				FR.	C.	FR.	C.
Sans date	Ste-Foy-l'Argentière . .	Grêle, inondation .	Récoltes div.	7,150	»	Auc. som. désig.	
»	Saint-Laurent-d'Agny .	Sans indication . .	»	»		87	25
»	St-Pierre-la-Palud . . .	»	»	»		150	»
»	Saint-Romain-en-Gal. .	»	»	»		30	»
»	Saint-Sorlin.	»	»	»		70	»
»	Saint-Vérand	»	»	»		160	»
»	Yzeron.	»	»	»		132	»
1835							
20 Mai .	Villechenève	Grêle.	Récoltes div.	7,427	»	Auc. som. désig.	
28 Mai .	Julliénas	»	Vignes. . . .	13,704	»	»	
»	Villechenève	»	Récoltes div.	S. réunie au 20 Mai		»	
30 Mai .	Vaux	»	Vignes. . . .	18,294	»	»	
5 Juin . .	St-Bonnet-des-Bruyères	»	Récoltes div.	4,604	»	»	
6 Juin . .	St-Bonnet-des-Bruyères	»	»	S. réunie au 5 Juin		»	
»	Saint-Christophe . . .	»	»	9,910	»	»	
8 Juin . .	Condrieu.	»	Vignes. . . .	6,600	»	»	
»	Vaugneray	Grêle et pluie	Récoltes div.	4,105	»	»	
9 Juin .	Azolette	»	Terres, prés.	2,060	»	»	
10 Juin .	Dareizé	Grêle.	Récoltes div.	6,191	»	»	
»	Poule	»	Vignes. . . .	6,833	»	»	
»	Saint-Vérand. . . .	»	Récoltes div.	10,768	»	»	
12 Juin .	Chaussan.	»	»	»		Dem. d'indem.	
10 Juillet	Anse.	»	Vignes. . . .	130,834	49	Auc. som. désig.	
»	Bagnols.	»	Récoltes div.	14,090	»	»	
»	Bois-d'Oingt	»	Vignes. . . .	45,160	29	»	
»	Frontenas	»	Récoltes div.	20,070	»	»	
»	Lacenas	»	»	25,498	»	»	
»	Marcy-Lachassagne . .	»	»	15,772	10	»	
»	Moiré	»	Récoltes div.	33,420	93	»	
»	Pouilly-le-Monial . . .	»	Vignes. . . .	35,710	»	»	
»	Saint-Just-d'Avray . .	Grêle et pluie .	Récoltes div.	4,847	»	»	
»	Theizé	Grêle. . . .	Vignes. . . .	51,517	»	»	
14 Juillet	Echallas	Grêle et ouragan .	Vignes. . . .	9,301	»	»	
18 Juillet	St-Andéol-le-Château .	Grêle.	Récoltes div.	»		430	
»	Saint-André-la-Côte. .	»	»	6,000	»	Auc. som. désig.	
19 Juillet	Fleurieux-s.-l'Arbresle	»	»	3,564	»	»	
27 Juillet	Condrieu.	»	Vignes. . . .	1,355	»	»	
28 Juillet	Grézieux-la-Varenne .	Grêle, innondation .	Récoltes div.	16,532	»	»	
»	Montromant	Grêle.	»			Dem. d'indem.	

ÉPOQUES	COMMUNES	INTEMPÉRIES	SORTES DE RÉCOLTES PERDUES	VALEURS DES RÉCOLTES PERDUES	SOMMES ACCORDÉES EN REMISE OU MODÉRATION
				FR. C.	FR. C.
Suite de 1835					
28 Juillet	Saint-Laurent-de-Vaux.	Grêle. . . . , . .	Récoltes div.	14,100 »	Auc. som. désig.
»	Thurins	»	»	1,814 »	»
»	Vaugneray	»	»	20,595 »	»
19 Août.	Ecully . . . . . , .	»	»		Dem. d'indem.
»	St-Didier-au-Mont-d'Or	»	Vignes . . .	7,405 »	Auc. som. désig.
28 Août.	Bois-d'Oingt	»	»	S. réunie au 10 Juill.	»
Sans date	Saint-Igny-de-Vers . .	Grêle et pluie . .	Récoltes div.	4,847 »	»
»	Aveize	Sans indication. .	»	»	90 »
»	Courzieux	»	»	»	120 »
»	Savigny	»	Vignes. . . .	»	300 »
»	St-Genis-l'Argentière .	»	Récoltes div.	»	220 »
»	Saint-Jean-de-Toulas .	»	»	»	330 »
»	Saint-Martin-de-Cornas	»	»	»	110 »
»	Saint-Romain-en-Gal . .	»	»	»	30 »
»	Tour-de-Salvagny . . .	»	»	»	70 »
1836.				»	
14 Août	Arbresle (l').	Grêle.	Récoltes div.	»	Dem. d'indem.
				»	
Sans date	Saint-Didier-sur-Riverie	Sans indication . .	»	»	160 »
1837					
1838					
6 Mai .	Cublize.	Grêle	Récoltes div.	4,155 »	Auc. som. désig.
»	Saint-Jean-la-Bussière.	Grêle et orage . .	»	1,803 »	»
16 Mai .	Saint-Nizier-d'Azergues	Grêle.	»	11,231 »	»
30 Mai .	Condrieu	Grêle et gelée . .	Vignes . . .	31,630 »	»
»	Chiroubles	Grêle.	»	64,450 »	»
»	Cublize.	»	Récoltes div.	S. réunie au 6 Mai	»
»	Cours	»	»	65,406 »	»
»	Poule	»	»	33,648 75	»
»	Ranchal	»	»	31,230 »	»
»	Réguié	»	Vignes . . .	45,879 »	»
»	Saint-Jean-la-Bussière.	Grêle et orage . .	Récoltes div.	S. réunie au 6 Mai	»
»	Saint-Romain-en-Gal . .	Grêle, pluie, gelée	»	27,160 »	»
»	Thel	Grêle.	»	40,422 »	»
»	Villié	»	Vignes. . . .	36,963 74	»
31 Mai .	Bessenay	»	Récoltes div.	25,100 »	»
»	Bibost	»	»	19,349 »	»
»	Brussieux	»	Vignes . . .	8,414 50	»
»	Chevinay	»	Récoltes div.	28,585 »	»
»	Grézieux-la-Varenne. .	»	»	7,115 »	»
»	Marcy et Ste-Consorce.	»	»	6,067 »	»
»	Tour-de-Salvagny . . .	»	»	11,444 »	»
1er Juin.	Pollionnay	»	»	3,070 »	»
4 Juin.	Albigny	»	Vignes. . . .		Dem. d'indem.

ÉPOQUES	COMMUNES	INTEMPÉRIES	SORTES DE RÉCOLTES PERDUES	VALEURS DES RÉCOLTES PERDUES	SOMMES ACCORDÉES EN REMISE OU MODÉRATION
				FR. C.	FR. C.
Suite de 1838 4 Juin	Curis	Grêle et gelée	Récoltes div.	30,830 »	Auc. som. désig.
»	Fleurieux-s.-L'Arbresle	Grêle	»	15,380 »	»
6 Juin	Brulliolles	»	»	32,220 »	» »
Sans date	Collonges	»	»	»	Dem. d'indem.
»	Chassagny	Sans indication	»	»	191 »
»	Ecully	»	»	»	163 »
»	Mornaut	»	»	»	400 »
»	St-Romain-au-Mont-d'Or	Grêle et gelée	»	55,782 »	Auc. som. désig.
»	Saint-Laurent-d'Agny	Sans indication	»	»	295 »
»	Longes et Trèves	»	»	»	300 »
1839 1er Mai	Brulliolles	Grêle	Récoltes div.	42,907 »	Auc. som. désig.
3 Mai	Irigny	»	Vignes	»	Dem. d'indem.
12 Mai	Brindas	"	»	28,938 »	Auc. som. désig.
»	Messimy	»	»	19,815 »	»
»	Saint-Laurent-de-Vaux	"	Récoltes div.	1,080 »	»
»	Vaugneray ,	»	»	10,022 »	»
2 Juin	Coise	»	»	6,511 »	»
9 Juillet	Poleymieux	»	»	»	Dem. d'indem.
»	Albigny	»	Vignes	16,889 68	Auc. som. désig.
»	Curis	»	Récoltes div.	12,300 »	»
»	St-Germain-au-Mt-d'Or	»	Vignes	15,700 »	»
16 Juillet	Saint-Laurent-d'Agny	Grêle et inondation	Récoltes div.	152,915 »	»
25 Juillet	St-Andéol-le-Château	Grêle, gelée, sécher.	»	69,613 »	»
»	Saint-André-la-Côte	Grêle	»	20,000 »	»
15 Août	Montagny	Grêle	»	32,274 »	»
»	Mornant	Grêle et orage	»	33,905 »	»
»	Saint-Andéol-le-Château	Grêle, gelée, sécher.	»	S. réunie au 25 Juill.	»
»	Saint-André-la-Côte	Grêle	»	» 25 Juill.	»
»	Saint-Didier-s.-Riverie	»	»	130,058 »	
»	Saint-Julien-sur-Bibost	»	»	»	672 29
»	Taluyers	»	Vignes	30,105 »	Auc. som. désig.
16 Août	Brignais	»	Récoltes div.	30,480 »	»
»	Charly	»	Vignes	211,840 »	»
»2h.m	Orliénas	»	»	183,040 »	»
»	Soucieux-en-Jarret	»	Récoltes div.	72,096 »	»
»	Saint-Andéol-le-Château	Grêle, gelée, sécher.	»	S. réunie au 25 Juill.	»
»	Saint-Didier-sur-Riverie	Grêle	»	» 15 Août	»
»	Saint-Jean-de-Toulas	»	»	59,500 »	»
»	St-Maurice-s.-Dargoire	»	»	78,449 10	»
»	Vernaison	»	»	71,874 »	»
»	Vourles	»	Vignes	69.939 »	»

ÉPOQUES	COMMUNES	INTEMPÉRIES	SORTES DE RÉCOLTES PERDUES	VALEURS DES RÉCOLTES PERDUES	SOMMES ACCORDÉES EN REMISE OU MODÉRATION
				FR. C.	FR. C.
Suite de 1859 16 Sept .	Albigny	Grêle.	Vignes. . . .	670 22	Auc. som. désig.
»	Brignais	»	Récoltes div.	S. réunie au 16 Août	»
»	Couzon.	»	Vignes. . . .	33,750 »	»
»	Craponne	»	»	11,408 »	»
»	Limonest	»	»		Dem. d'indem.
»	Poleymieux.	»	Récoltes div.		»
»	Pollionnay	»	»	15,000 »	Auc. som. désig.
»	Soucieu-en-Jarret . . .	»	»	S. réunie au 16 Août	»
»	St-Cyr-au-Mont-d'Or. .	»	»	11,000 »	»
»	Tour-de-Salvagny. · .	Grêle et pluie . .	»	»	»
4 Octobre	Tour-de-Salvagny . . .	»	»	S. réunie au 16 Sept.	828 68
Sans date	St-Martin de Cornas. .	Grêle, gelée, sécher.	»	13,730 »	Auc. som. désig.
»	Echallas . . . · . . .	Grêle, pluie , vents, sécher.	Vignes. . . .	10,358 »	»
»	Chassagny	Grêle, gelée, sécher.	Récoltes div.	86,860 »	»
»	Bully.	Sans indication . .	Vignes. . . .	»	405 »
»	Chaussan.	»	Récoltes div.	»	560 »
»	Lentilly	»	Vignes. . . .	»	500 »
»	Saint-Sorlin.	»	Récoltes div.	»	880 »
1840 10 Mai 5 h.s	Lentilly	Grêle.	Vignes. . . .		Dem. d'indem.
	Marcy et Ste-Consorce.	»	Récoltes div.	5,295 »	Auc. som. désig.
14 Mai .	Brussieux.	Grêle et pluie . .	»	27,287 »	»
»	Villechenève	Grêle.	»	3,676 »	»
16 Mai. .	Brulliolles	»	»	111,334 »	»
17 Mai. .	Brussieux.	»	»	S. réunie au 14 Mai	»
»	Brulliolles	»	»	»	Dem. d'indem.
»	St-Andéol-le-Château .	»	»	69,583 »	
»	St-Jean-de-Toulas . . .	»	»	51,347 »	»
19 Mai . .	Brussieux	Grêle et pluie . . .	»	S. réunie au 14 Mai	»
»	Brulliolles	Grêle.	»	»	Dem. d'indem.
Mai. .	Ste-Catherine-s.-Riverie	»	»	9,685 »	Auc. som. désig »
22 Juin .	Chassagny	»	»	88,050 »	»
»	St-Andéol-le-Château .	»	»	S. réunie au 17 Mai	»
»	St-Didier-s.-Riverie. .	»	»	76,753 »	»
»	St-Jean-de-Toulas. . .	»	»	S. réunie au 17 Mai	»
»	St-Martin-de-Cornas . .	»	Vignes. . . .	14,035 »	»
»	St-Maurice-s-Dargoire.	»	Récoltes div.	117,168 »	»
Juin .	Ste-Catherine-s-Riverie	»	»	S. réunie au m. de Mai	»
13 Juillet	Chevinay.	»	»	8,007 »	»
14 Juillet	Tour-de-Salvagny. . .	»	»	9,205 »	»
21 Juillet	Courzieux.	»	»	44,763 »	»

ÉPOQUES	COMMUNES	INTEMPÉRIES	SORTES DE RÉCOLTES PERDUES	VALEURS DES RÉCOLTES PERDUES	SOMMES ACCORDÉES EN REMISE OU MODÉRATION
Suite de 1840				FR. C.	FR. C.
25 Juillet	St-Germain-s-l'Arbresle	Grèle.	Récoltes div.	13,074 »	Auc.som.désig.
7 Août. .	Ampuis. , . , ...	»	»	»	Dem. d'indem.
8 Août. .	Brignais	»	»	111,334 »	Auc.som.désig.
»	Hayes (les)	»	»	5,919 »	»
»	Soucieux-en-Jarret . .	»	»	»	Dem. d'indem.
9 Août. .	Orliénas	»	Vignes. . . .	99,169 50	Auc.som.désig.
14 Août .	Brignais	»	Récoltes div.	S. réunie au 8 Août	»
»	Duerne.	Grèle et inondation.	»	3,426 »	»
»	Grézieux-la-Varenne. .	Grèle.	»	»	Dem. d'indem.
»	Hayes (les)	»	»	S. réunie au 8 Août	Auc.som.désig.
»	Loire . . . . ,	»	»	8,767 »	»
»	Orliénas	»	Vignes. . . .	» 9 Août	»
»	Oullins.	»	Récoltes div.	56,306 »	»
»	Saint-Genis-Laval . . .	»	Vignes. . . .	61,193 »	»
»	Saint-Genis-les-Ollières	»	»	2,095 »	»
»	Saint-Romain-en-Gal. .	»	Récoltes div.	117,168 »	»
»	Taluyers	Orage, pluie, grèle	Vignes. . . .	62,260 »	»
»	Vaugneray	Grèle.	Récoltes ;div.	»	Dem. d'indem.
»	Yzeron	Grèle et pluie . . .	»	1,990 »	Auc.som.désig.
16 Août .	Irigny	Grèle.	Vignes. . . .	28,050 »	»
24 Août .	Brignais	»	Récoltes div.	S. réunie au 8 Août	»
»	Collonges.	»	Vignes. . . .	25,944 »	»
»	Courzieux.	»	Récoltes div.	S. réunie au 21 Juill.	»
»	Oullins.	»	»	» 14 Août	»
»	Saint-Genis-Laval. . .	»	»	» 14 Août	»
»	Sainte-Foy-les-Lyon. .	»	Vignes. . . .	22,210 »	»
25 Août .	Arbresle (l')	»	»	»	Dem. d'indem.
» 5h.s.	Dardilly	»	»	»	»
»	Dommartin.	»	»	16,977 »	Auc.som.désig.
» 5h.s.	Lentilly.	»	»	»	Dem. d'indem.
»	Longes-et-Trèves . . .	»	Récoltes div.	8,767 »	Auc.som.désig.
»	Nuelles.	»	»	»	Dem. d'indem.
»	Savigny	»	»	»	»
» 4h.s.	Soucieux-sur-Sain-Bel.	»	»	13,345 »	Auc.som.désig.
»	Taluyers	Orage, pluie, grèle	Vignes. . . .	S. réunie au 14 Août	»
»	Eveux	Grèle.	Récoltes div.	»	Dem. d'indem.
»	Fleurieux-s.-l'Arbresle	»	»	»	»
26 Août .	Charbonnières	»	Vignes. . . .	14,430 »	Auc.som.désig.
27 Août .	Pollionnay	»	Récoltes div.	25,677 »	»
30 Août .	Bully.	»	»	»	Dem. d'indem.
»	Pollionnay	»	»	S. réunie au 27 Août	Auc.som.désig.
»	Saint-Cyr-sur-Rhône. .	»	Vignes. . . .	»	Dem. d'indem.

ÉPOQUES	COMMUNES	INTEMPÉRIES	SORTES DE RÉCOLTES PERDUES	VALEURS DES RÉCOLTES PERDUES	SOMMES ACCORDÉES EN REMISE OU MODÉRATION
1841				FR. C.	FR. C.
6 Mai . .	Albigny.	Grêle	Vignes. . . .	Auc. somme désignée	Dem. d'indem.
13 Mai. .	Meys.	»	Récoltes div.	»	»
28 Mai. .	Bibost	»	»	»	»
»	Chambost.	»	»	»	»
»	Longessaigne	»	»	»	»
» 4 h.s.	Montrotier	»	»	»	»
»	Sarcey	»	»	»	»
»	St-Clément-les-Places .	»	»	»	»
» 4 h.s.	Saint-Jullien-sur-Bibost	»	»	»	»
« 6 à 7 h.s.	Thurins	»	»	»	»
18 Juin 3 h.s.	Saint-Jullien-sur-Bibost	»	»	»	»
21 Juin .	Bibost	»	»	»	»
»	Brulliolles	»	»	»	»
»	Bully.	»	»	»	»
»	Halles (les) Le Fenoïl .	»	»	»	»
» 3 h.s.	Haute-Rivoire. . . .	»	»	»	»
» 3 h. s.	Longessaigne . . .	»	»	»	»
»	Meys.	»	»	»	»
»	Montrotier	»	»	»	»
»	Sarcey	»	»	»	»
» .	Savigny	»	Vignes. . . .	»	»
22 Juin .	Bibost	»	Récoltes div	»	»
»	Brulliolles	»	»	»	»
»	Bully.	»	»	»	»
»	Montrotier	»	»	»	»
»	Sarcey	»	»	»	»
»	Savigny	»	Vignes. . . .	»	»
»	Villechenève	»	Récoltes div	»	»
25 Juin .	Chassagny	»	»	»	»
30 Juin .	Chassagny	»	»	»	»
»	Saint-Martin-de-Cornas	»	Vignes. . . .	»	»
3 Juillet.	Echallas	»	Vignes. . . .	»	»
» 4 à 5 h. s.	St-Andéol-le-Château .	»	Récoltes div.	»	»
» 5 h. s.	Saint-Jean-de-Toulas .	»	»	»	»
»	Saint-Martin-de-Cornas	»	Vignes. . . .	»	»
»	Saint-Romain-en-Gier .	»	»	»	»
4 Août. .	St-Laurent-de-Chamous.	»	Récoltes div.	»	»
16 Sept. 7 h.s.	Montromant	»	»	»	»
Nuit 2, 3 Oct.	Albigny	»	Vignes. . . .	7,500 »	Auc. som. désig.
»	Brussieux	»	Récoltes div.	»	»
»	Collonges.	»	Vignes. . . .	»	»
»	Chevinay.	»	Récoltes div.	»	»

ÉPOQUES	COMMUNES	INTEMPÉRIES	SORTES DE RÉCOLTES PERDUES	VALEURS DES RÉCOLTES PERDUES	SOMMES ACCORDÉES EN REMISE OU MODÉRATION
				FR. C.	FR. C.
Suite de 1841 Nuit 2, 3 oct.	Couzon.	Grêle.	Vignes. . . .	»	Dem. d'indem.
»	Courzieux	»	Récoltes div.	»	»
»	Dommartin.	»	Vignes. . . .	»	»
»	Grézieux-le-Marché .	»	Récoltes div.	1,590 »	Auc. som désig.
»	Lentilly	»	Vignes. . . .	»	Dem. d'indem.
»	Longes et Trèves . . .	»	Récoltes div.	»	»
»	Montromant	»	»	»	»
»	Neuville	»	Vignes . . .	»	»
»	Orliénas	»	Récoltes div.	»	»
»	Poleymieux.	»	»	»	»
»	Rochetaillée	»	»	»	»
»	Rontalon.	»	»	»	»
»	Sourcieux-s.-Sain-Bel .	»	»	»	»
»	Ste-Catherine-s.-Riverie	»	»	»	»
»	Saint-Didier-s.-Riverie.	»	»	66,717 »	Auc. som désig.
»	St-Germain-au-Mt-d'Or.	»	Vignes . . .	»	Dem. d'indem.
»	St-Laurent-d'Agny . .	»	Récoltes div.	»	»
»	Saint-Laurent-de-Vaux.	»	»	»	»
»	St-Martin-en-Haut . . .	»	»	»	»
»	Saint-Pierre-la-Palud .	»	»	»	»
»	St-Romain-au-Mt-d'Or.	»	»	»	»
»	St-Sorlin	»	»	»	»
»	Thurins	»	»	»	»
»	Tour-de-Salvagny . .	»	»	»	»
4 Octobre	Grézieux-le-Marché . .	»	»	S. r. au 2 et 3 Oct.	Auc. som. désig.
5 Octobre	Saint-André-la-Côte . .	»	»	»	Dem. d'indem.
1842 10 Juin .	Chambost.	Grêle.	Récoltes div.	8,545 »	Auc. som désig.
»	Villechenève	»	»	35.146 »	»
11 Juin .	Albigny	»	Vignes . . .	21,809 »	»
»	Fleurieux-s.-Saône . .	»	»	10,499 »	»
»	Quincieux	»	»	7.814 »	»
21 Juin .	Aigueperse	Grêle, pluie, foudre	Terres . . .	9,521 »	»
»	Avenas.	Grêle.	Récoltes div.	»	Dem. d'indem.
»	Azolette	Grêle et tonnerre .	Terres . . .	6,905 »	Auc. som. désig.
»	Cenves	Grêle	Récoltes div.	6,901 »	»
»	Chaussan.	»	»	33,183 »	»
»	Charly.	»	Vignes . . .	195,013 16	»
»	Emeringes	»	»	56.310 »	»
»	Fleurié.	Grêle et pyrale . .	»	106.557 »	»
»	Givors	Grêle.	Récoltes div.	21,595 »	»
»	Irigny	»	Vignes. . . .	131,908 »	»
»	Jullié	»	»	159,844 »	»
»	Julliénas	»	»	123,583 »	»
» 1 h.	Montagny	»	Récoltes div.	35,827 »	»
»	Orliénas	»	Vignes . . .	562,091 »	»
»	Ouroux.	»	Récoltes div.	53,322 »	»
»	Propières.	»	»	20,691 »	»
»	Ranchal	»	»	2,000 »	»

ÉPOQUES	COMMUNES	INTEMPÉRIES	SORTES DE RÉCOLTES PERDUES	VALEURS DES RÉCOLTES PERDUES	SOMMES ACCORDÉES EN REMISE OU MODÉRATION
Suite de 1842				FR. C.	FR. C.
21 Juin .	Rontalon	Grêle.	Récoltes div.	125,230 »	Auc. som. désig.
»	Soucieux-en-Jarret . .	»	»	82,154 »	»
»	Saint-André-la-Côte. .	Grêle et ouragan .	»	164,816 »	»
»	St-Bonnet-des-Bruyères.	Grêle.	»	31,289 »	»
»	Saint-Igny-de-Vers . .	»	»	234,876 »	»
»	St-Jacques-des-Arrêts .	»	»	12,695 »	»
»	Saint-Laurent-d'Agny .	»	»	193,315 »	»
»	Saint-Mamert.	Grêle et pluie. .	»	8,662 »	»
»	St-Martin-de-Cornas. .	Grêle.	»	36,710 »	»
»	St-Maurice-s.-Dargoire.	»	Vignes. . . .	272,880 »	»
»	Saint-Sorlin	»	»	30,248 »	»
»	Taluyers	»	Récoltes div.	118,880 »	»
»	Thurins	Grêle, inondation	Vignes. . . .	91,780 »	»
»	Vernaison	Grêle.	Récoltes div.	122,133 45	»
22 Juin .	Aigueperse.	Grêle, pluie, foudre	Terres . . .	S. réunie au 21 Juin	»
»	Avenas.	Grêle.	Récoltes div.		Dem. d'indem .
»	Azolette	Grêle et ouragan .	Terres . . .	S. réunie au 21 Juin	Auc. som. désig.
»	Cenves.	Grêle.	Récoltes div.	» 21 Juin	»
»	Cercié	»	Vignes. . . .	191,139 »	»
»	Corcelles	»	»	225,546 »	»
»	Durette.	»	»	186,620 »	»
»	Emeringes	»	»	S. réunie au 21 Juin	»
»	Fleurié.	Grêle et pyrale . .	»	» 21 Juin	»
»	Joux	Grêle.	Récoltes div.	1,690 »	»
»	Juillié	»	Vignes. . . .	S. réunie au 21 Juin	»
»	Julliénas	»	»	» 21 Juin	»
»	Lancié	»	»	135,840 »	»
»	Messimy	»	»	114,808 »	»
»	Ouroux	»	Récoltes div.	S. réunie au 21 Juin	»
»	Régnié	»	Vignes. . . .	270,009 »	»
»	St-Bonnet-des-Bruyères		Récoltes div.	S. réunie au 21 Juin	»
»	Saint-Igny-des-Vers . .	»	»	» 21 Juin	»
»	St-Jacques-des-Arrets .	»	»	» 21 Juin	»
»	Saint-Julien	»	Vignes. . . .	54,158 »	»
»	Saint-Mamert.	»	Récoltes div.	S. réunie au 21 Juin	»
»	Villié.	»	Vignes. . . .	702,610 »	»
Juin. .	Charantay.	»	»	54,120 »	»
5 Juillet .	Albigny.	»	»	S. réunie au 11 Juin	»
»	Grézieux-la-Varenne. .	»	Récoltes div.	82,745 »	»
»	Tassin	»	»	11,394 »	»
10 Juillet	Saint-Julien	»	Vignes. . . .	S. réunie au 22 Juin	»
»	Saint-Marcel	»	Récoltes div.	3,244 »	»
12 Juillet	Monsols	»	»	32,682 »	»
13 Juillet	Monsols	»	»	S. réunie au 12 juill.	»
15 Juillet	Loire.	»	»	1,400 »	»
»	Mornant	»	Vignes. . . .	148,380 »	»

ÉPOQUES	COMMUNES	INTEMPÉRIES	SORTES DE RÉCOLTES PERDUES	VALEURS DES RÉCOLTES PERDUES	SOMMES ACCORDÉES EN REMISE OU MODÉRATION
				FR. C.	FR. C.
Suite de 1842					
15 Juillet	Soucieux-en-Jarret . .	Grêle.	Récoltes div.	S. réunie au 21 Juin	Auc.som.désig.
»	Saint-Genis-Laval . . .	»	»	57,236 52	»
»	Villechenève	»	»	S. réunie au 10 Juin	»
18 Juillet	Jullié	»	Vignes. . . .	» 21 Juin	»
»	Julliénas	»	»	» »	»
»	Emeringes	»	»	» »	»
29 Juillet	Ampuis	»	Récoltes div.	36,960 »	»
»	Bessenay.	»	»	21,815 »	»
»	Bibost	»	»	51,050 »	»
»	Brulliolles	»	»	9,030 »	»
»	Chaponost	»	Vignes. . . .	24,497 »	»
»	Charbonnières	»	»	20,467 »	»
»	Collonges.	»	»	38,065 »	»
»	Chevinay.	»	Récoltes div.	34,843 »	»
»	Craponne.	»	Vignes. . . .	55,395 »	»
»	Dardilly	»	»	2,178 45	»
»	Dommartin	»	»	21,050 50	»
»	Ecully	»	Récoltes div.	75,944 »	»
»	Eveux	»	»	33,866 »	»
»	Fleurieux-s.-l'Arbresle	»	»	37,235 »	»
»	Grézieux-la-Varenne. .	»	»	S. réunie au 5 Juill.	»
»	Hayes (les).	»	Vignes. .	9,159 »	»
»	Lentilly	»	»	56,635 90	»
»	Limonest.	»	»	64,085 »	»
»	Marcy-Ste-Consorce. .	»	»	20,255 »	»
»	Oullins.	»	Récoltes div.	66,464 »	»
»	Pollionnay	»	»	152,403 »	»
»	Sourcieux-sur-Sain-Bel	»	»	37,510 »	»
»	St.-Cyr-au-Mont-d'Or .	»	»	108,877 »	»
»	St-Didier-au-Mont-d'Or	»	Vignes. . .	71,144 »	»
»	Sainte-Foy-lès-Lyon . .	»	»	144,290 »	»
»	St-Genis-les-Ollières .	»	»	14,090 »	»
»	Saint-Julien-s.-Bibost .	»	Récoltes div.	45,610 »	»
»	Saint-Pierre-la-Palud .	»	»	81,488 »	»
»	St-Rambert-l'Ile-Barbe.	»	Vignes. . . .	6,555 »	»
»	Tour-de-Salvagny . . .	»	Récoltes div.	22,220 »	»
»	Vernaison	»	»	S. réunie au 21 Juin	»
30 Juillet	Pollionnay	»	Récoltes div.	S. réunie au 29 Juill.	»
5 Août .	Lissieux	»	Vignes. . . .	9,088 »	»
6 Août .	Albigny	»	Vignes. . . .	S. réunie au 11 Juin.	»
»	Brindas.	»	»	58,659 50	»
»	Chatillon-d'Azergues .	»	»	37.220 »	»
»	Charnay	»	»	32,000 »	»
»	Dommartin	»	»	S. réunie au 29 Juill.	»
»	Grézieux-la-Varenne .	»	Récoltes div.	» 4 Juill.	»
»	Irigny	»	Vignes. . . .	» 21 Juin	»
»	Lentilly	»	»	» 29 Juill.	»
»	Lucenay	»	»	117,369 »	»

ÉPOQUES	COMMUNES	INTEMPÉRIES	SORTES DE RÉCOLTES PERDUES	VALEURS DES RÉCOLTES PERDUES	SOMMES ACCORDÉES EN REMISE OU MODÉRATION
				FR. C.	FR. C.
Suite de 1842					
6 Août.	Marcy et Lachassagne.	Grêle.	Vignes. . . .	78,860 »	Auc. som. désig.
»	Messimy	»	»	S. réunie au 22 Juin	»
»	Morancé	»	»	94,595 40	»
»	St-Laurent-d'Agny. . .	»	Récoltes div.	S. réunie au 21 Ju:n	»
»	St-Laurent-de-Vaux. .	»	»	4,240 »	»
»	Saint-Sorlin.	»	»	S. réunie au 21 Juin	»
»	Tour-de-Salvagny. . .	»	»	» 29 Juill.	»
»	Vernaison	»	»	» 21 Juin	»
9 Août.	Mornant	»	Vignes . . .	S. réunie au 15 Juill.	»
»	Quincié.	»	»	181,664 »	»
29 Août.	Arbresle (l')	»	Récoltes div.	37,863 »	»
»	Sourcieux-sur-Sain-Bel	»	»	S. réunie au 29 Juill.	»
»	St-Pierre-la-Palud . . .	»	»	» »	»
8 Sept.	Chiroubles	»	Vignes. . . .	173,280 »	»
Sans date	St-Jean-d'Ardières . .	Grêle et pyrale . .	»	155,102 »	»
»	Arbuissonnas.	Grêle.	Récoltes div.	28,133 33	»
»	Vourles.	»	»		Dem. d'indem.
»	St-Didier-sur-Riverie .	Sans indication . .	»		475
1843					
11 Avril.	Durette.	Grêle.	Vignes. . . .	70,150 »	Auc. som. désig.
12 Avril.	Chaponost.	»	»		Dem. d'indem.
13 Avril.	Chaponost	»	»		»
4 Juin . .	Loire.	»	Récoltes div.	11,074 »	Auc. som. désig.
»	St-Romain-en-Gal. . .	»	»	5,295 »	»
5 Juin . .	Hayes (les).	»	»	12,955 »	»
4 Août. .	Vaux.	»	Vignes. . . .	298,327 42	»
7 Août. .	St-Genis-l'Argentière .	»	Récoltes div.		Dem. d'indem.
10 Août.	Saint-Julien.	»	Vignes. . . .	19,745 »	Auc. som. désig.
14 Août.	Vaux..	»	»	S. réunie au 4 Août	»
19 Août.	Saint-Julien.	»	»	S. réunie au 10 Août	»
Sans date	Courzieux	»	Récoltes div.	45,239 »	»
1844					
2 Juin. .	Joux.	Grêle et pluie. . .	Récoltes div.	2,315 »	»
18 Juin .	Aveize	Grêle.	»	34,280 »	»
»	Duerne.	»	Terres. . . .	4,557 »	»
»	Montromant.	»	Récoltes div.	19,160 »	»
»	St-Genis-l'Argentière .	»	»	15,030 »	»

ÉPOQUES	COMMUNES	INTEMPÉRIES	SORTES DE RÉCOLTES PERDUES	VALEURS DES RÉCOLTES PERDUES	SOMMES ACCORDÉES EN REMISE OU MODÉRATION
Suite de 1844				FR. C.	FR. C.
24 Juin .	Caluire.	Grêle.	Récoltes div.	53,083 »	Auc.som.désig.
»	Thurins	»	»	18,766 »	»
25 Juin .	Collonges.	»	»	45,361 »	»
»	Saint-Cyr-au-Mont-d'Or	»	Vignes. . . .	67,140 »	»
»	St-Didier-au-Mont-d'Or.	»	»	11,187 »	»
30 Juin .	Aigueperse	Grêle et pluie	Terres. . . .	9,060 »	»
»	Saint-Igny-de-Vers . .	»	Récoltes div	24,064 »	»
4 Juillet .	Ampuis.	Grêle.	»	69,410 »	»
»	Joux.	Grêle et pluie. . .	»	S. réunie au 2 Juin	»
»	Sauvages	»	»	1,605 »	»
17 Juillet	Sauvages	»	»	S. réunie au 4 Juill.	»
10 Sept .	Chiroubles	Grêle.	Vignes. . .	5,163 »	»
15 Sept .	St-Rambert-l'Ile-Barbe .	»	»	24,019 »	»
17 Sept .	St-Clément-s.-Valsonne	»	Récoltes div.	1,260 »	»
18 Sept .	Alix	»	Vignes. . . .	27,016 »	»
»	Anse.	»	»	54,750 »	»
»	Bagnols.	»	»	100,330 »	»
»	Bois-d'Oingt	»	»	187,830 »	»
»	Chatillon-d'Azergues. .	»	Récoltes div.	15,211 »	»
»	Charnay	»	»	19,685 70	»
»	Curis.	»	»	29,245 »	»
»	Echallas	»	Vignes. . . .	10,589 »	»
»	Lachassagne	»	»	146,455 »	»
»	Lucenay	»	Récoltes div.	97,000 »	»
»	Morancé	»	Vignes. . . .	22,640 »	»
»	Oingt	»	»	64,901 »	»
»	Quincieux.	»	»	5,320 »	»
»	Saint-Andéol-le-Château	»	Récoltes div.	60,680 »	»
»	St-Didier-sur-Riverie .	»	»	137,090 »	»
»	St-Germain-au-Mt-d'Or.	»	Vignes. .	18,887 »	»
»	Saint-Jean-des-Vignes .	»	»	14,710 »	»
»	Saint-Jean-de-Toulas. .	»	»	108,600 »	»
»	Saint-Laurent-d'Oingt .	»	»	252,792 »	»
»	Saint-Martin-de-Cornas	Grêle et averse . .	»	15,200 »	»
»	St-Maurice-s.-Dargoire	Grêle.	»	208,090 »	»
»	Saint-Romain-en-Gier.	»	»	10,855 »	»
»	Saint-Vérand	»	»	17,657 »	»
»	Ternand	Grêle et pluie. . .	»	27,100 »	»
»	Theizé	Grêle.	»	51,517 »	»
»	Ville-sur-Jarnioux. . .	»	»	25,737 »	»
6 Octobre	St-Clément-s-Valsonne.	» .	Récoltes div.	S. réunie au 17 Sept.	»
					»
Sans date	Chassagny	»	»	23,936 »	»

ÉPOQUES	COMMUNES	INTEMPÉRIES	SORTES DE RÉCOLTES PERDUES	VALEURS DES RÉCOLTES PERDUES	SOMMES ACCORDÉES EN REMISE OU MODÉRATION
1845				FR. C.	FR. C.
14 Juin .	Beaujeu	Grêle.	Vignes. . . .	Aucune de désignée.	Dem. d'indem.
25 Juil. 5 h. s.	Albigny	»	»	» »	»
» 4 h. s.	Arbresle (l')	»	Récoltes div.	» »	»
»	Bibost	»	»	» »	»
»	Bully.	»	Vignes. . . .	» »	»
»	Chasselay	»	»	» »	»
»	Chères (les)	»	»	» »	»
»	Civrieux-d'Azergues. .	»	»	» »	»
»	Curis.	»	Récoltes div.	» »	»
»	Dommartin.	»	»	» »	»
»	Eveux	»	»	» »	»
»	Fleurieux-s.-l'Arbresle	»	»	» »	»
»	Limonest.	»	Vignes. . . .	» »	»
»	Lissieux	»	» .	» »	»
» 4 h. s.	Marcilly-d'Azergues. .	»	»	» »	»
»	Neuville	»	»	» »	»
»	Nuelles.	»	»	» »	»
»	Poleymieux.	»	Récoltes div.	» »	»
»	Pollionnay	»	»	» »	»
»	Quincieux	»	Vignes. . . .	» »	»
»	Rontalon	»	Récoltes div.	» »	»
»	Sain-Bel	»	»	» »	»
» 4 h. s.	Savigny	»	»	» »	»
» 4 h. s.	Sourcleux-sur-Sain-Bel.	»	»	» »	»
»	St-Germain-au-Mt-d'Or	»	Vignes. . . .	» »	»
» 4 h. s.	St-Germain-s-l'Arbresle	»	Récoltes div.	» »	»
» 4 h. s.	St-Julien-sur-Bibost. .	»	»	» »	»
» 5 h. s.	Tour-de-Salvagny. . .	»	»	» »	»
»	Tupin-Semons	»	»	» »	»
24 Juillet	Lentilly.	»	Vignes. . .	» »	»
25 Juillet	Ampuis	»	Récoltes div.	» »	Dem. d'indem.
4 Août.	Liergues	»	Vignes. . . .	50,000 »	Auc. som. désig.
5 Août.	Limonest.	»	»	» »	Dem. d'indem.
1846					
1847					
Sans date	Longes et Trèves . . .	Grêle.	Récoltes div.	» »	»
1848					
27 Mai. .	Beaujeu	»	Vignes. . . .	39,550 »	Auc. som. désig.
»	Saint-Vérand.	»	Récoltes div.	1,530 »	»
27 Juin .	Pommiers	»	Vignes. . . .	4,424 »	»
20 Juillet	Chaponost	»	»	24,497 »	»
3 Août. .	Aucy.	»	Récoltes div.	18,983 »	»
»	Bessenay	?	Vignes. . . .	39,550 »	»
»	Brussieux.	»	Récoltes div.	16,497 »	»
»	Brignais	»	»	37,192 »	»

ÉPOQUES	COMMUNES	INTEMPÉRIES	SORTES DE RÉCOLTES PERDUES	VALEURS DES RÉCOLTES PERDUES	SOMMES ACCORDÉES EN REMISE OU MODÉRATION
				FR. C.	FR. C.
Suite de 1848					
3 Août. .	Brindas.	Grêle.	Vignes. . . .	69,358 »	Auc.som.désig.
»	Brulliolles	»	Récoltes div.	21,886 »	»
»	Chaponost	»	Vignes. . . .		Dem. d'indem.
»	Chaussan.	»	Récoltes div.	22,812 »	Auc.som.désig.
»	Charly	»	Vignes. . . .		Dem. d'indem.
»	Chassagny	»	Récoltes div.	17,640 »	Auc.som.désig.
»	Echallas	»	Vignes. . . .	33,828 »	»
»	Grézieux-la-Varenne. .	»	Récoltes div.	4,553 »	»
»	Grigny	»	Vignes. . . .	147,428 »	»
»	Irigny	»	»	56,570 »	»
»	Messimy	»	»	111,640 »	»
»	Millery	»	»	116,508 »	»
»	Montagny.	»	»	89,560 »	»
»	Mornant	»	»	159,114 »	»
» 4 h. s.	Rontalon	»	Récoltes div.	23,810 »	»
»	Orliénas	»	»	73,550 »	»
»	Soucieux-en-Jarret . .	»	»	13,712 »	»
»	Saint-Andéol-le-Château	»	»	53,198 »	»
»	Saint-André-la-Côte . .	»	»	5,825 »	»
»	Ste-Catherine-s.-Riverie	»	»	14,634 »	»
»	St-Cyr-au-Mont-d'Or. .	»	Vignes. . . .	3,744 50	»
»	Saint-Didier-s.-Riverie	»	Récoltes div.	119,851 »	»
»	Sainte-Foy-lès-Lyon. .	»	Vignes. . . .	13,375 »	»
»	Saint-Genis-Laval. . .	»	Récoltes div.	106,555 »	»
»	St-Genis-l'Argentière .	»	»	6,275 »	»
»	Saint-Jean-de-Toulas .	»	Vignes. . . .	30,701 »	»
»	Saint-Laurent-d'Agny .	»	Récoltes div.	52,160 »	»
»	St-Martin-de-Cornas. .	»	»	8,540 »	»
»	St-Maurice-s.-Dargoire	»	»	86,395 »	»
»	Saint-Romain-en-Gier.	»	Vignes. . .	28,435 »	»
»	Taluyers	»	»	76,845 »	»
»	Thurins	»	Récoltes div.	45,998 »	»
»	Vernaison	»	»	32,340 »	»
»	Vourles.	»	Vignes. . . .	41,755 »	»
4 Août. .	Oullins.	»	Récoltes div.	29,120 »	»
»	Tassin	»	Vignes. . . .	5,780 »	»
»	Vaugneray	»	»	13,610 »	»
5 Août. .	Saint-Martin-en-Haut .	Grêle et vents. .	Récoltes div.	4,430 »	»
7 Août. .	Oingt.	Grêle.	»	13,480 »	»
9 Août. .	Longes et Trèves . . .	»	Récoltes div.	46,910 »	»
14 Août .	Ancy.	»	»	S. réunie au 5 Août	»
»	Curis	»	»	12,708 »	»
»	Eveux	»	»		Dem. d'indem.
»	Fleurieux-sur-l'Arbresle	»	»	11,227 »	Auc.som.désig.
»	Neuville.	»	»	14,968 »	»
»	Poleymieux	»	»	13,978 »	»
»	Propières	»	»	20,053 »	»
»	Savigny	»	»	6,030 »	»

ÉPOQUES	COMMUNES	INTEMPÉRIES	SORTES DE RÉCOLTES PERDUES	VALEURS DES RÉCOLTES PERDUES		SOMMES ACCORDÉES EN REMISE OU MODÉRATION
				FR.	C.	FR. C.
Suite de 1848						
14 Août .	St-Germain-au-Mt-d'Or.	Grêle.	Vignes. . . .	60,744	»	Auc.som.désig.
»	Vauxrenard.	»	»	15,960	»	»
15 Août .	Chasselay.	»	»			Dem. d'indem.
17 Août .	Mornant	»	»			»
1er Sept.	Fleurieux-s.-l'Arbresle	»	Récoltes div.	S. réunie au 14 Août		Auc.som.désig.
5 Sept. .	Bessenay.	»	»	» 5 Août		»
8 Sept. .	Brussieux	»	»	» 5 Août		»
»	Brulliolles	»	»	» 5 Août		»
»	Chevinay.	»	»	5,965	»	»
»	Courzieux.	»	»	9,412	»	»
»	Limonest.	»	Vignes. . . .	34,125	»	»
»	St-Cyr-au-Mont-d'Or .	»	»			Dem. d'indem.
»	St-Rambert-l'Ile-Barbe.	»	»	5,940	»	Auc.som.désig.
39 Sept .	Joux	»	Récoltes div.	2,850	»	»
»	Sauvages. . . . , . .	»	»	14,700	»	»
1849						
Juin .	Albigny	Grêle.	Récoltes div.	42,526	»	»
Oct. .	Ampuis. , . , ...	»	»			Dem. d'indem.
1850						
9 Mai. .	Dardilly	Grêle.	Vignes. . . .	14,730	»	Auc.som.désig.
30 Mai. .	Thurins	»	Récoltes div.			Dem. d'indem.
Nuit du 31 Mai au 1er Juin	Chamelet	Grêle et pluie. .	»	15,811	»	Auc.som.désig.
»	Givors	Grêle.	»	10,610	»	»
»	Griguy	»	Vignes. . . .	50,012	»	»
»	Létra.	Grêle et pluie. .	»	19,958	»	»
»	Pontcharra	»	Récoltes div.	2,290	»	»
»	Saint-Cyr-sur-Rhône. .	Grêle.	Vignes. . . .	13,155	»	»
»	Saint-Jean-d'Ardières .	»	Récoltes div.	24,703	44	»
»	Saint-Julien-s.-Bibost .	»	»	13,870	»	»
»	Saint-Martin-en-Haut .	Grêle et pluie. .	»	8,025	»	»
»	Saint-Romain-en-Gal. .	Grêle.	»			Dem. d'indem.
1er Juin.	Ampuis	Grêle.	»	79,286	»	Auc.som.désig.
»	Ancy.	Pluie et grêle. . .	»	33,296	»	»
2 Juin . .	Loire	Grêle.	»	77,421	»	»
»	Saint-Romain-en-Gal. .	»	»			Dem. d'indem.
3 Juin . .	Montrotier . . . . , .	»	Terres . . .			»
7 Juin . .	Pomeys	»	Récoltes div.	10,350	»	Auc.som.désig.
»	St-Symphorien-s.-Coise	»	»	10,390	»	»
10 Juin .	Montromant.	»	»	2,120	»	»

ÉPOQUES	COMMUNES	INTEMPÉRIES	SORTES DE RÉCOLTES PERDUES	VALEURS DES RÉCOLTES PERDUES	SOMMES ACCORDÉES EN REMISE OU MODÉRATION
Suite de 1850				FR. C.	FR. C.
12 Juin .	Chamelet.	Grêle et pluie. . .	Récoltes div.	S. réunie au 31 Mai	Auc.som.désig.
»	Montrotier	Grêle.	»	»	Dem. d'indem.
»	Vaux.	»	Vignes. . . .	58,499 »	Auc.som.désig.
					»
21 Juin .	Brussieux	»	Récoltes div.	18,617 »	»
					»
24 Juin .	Coise	»	»	16,559 »	»
»	Larajasse.	»	»	3,875 »	»
28 Juin .	Bully.	»	»	10,330 »	»
»	Cenves.	»	»	5,490 »	»
»	Montrotier	»	»	»	Dem. d'indem.
»	Saint-Chistophe. . . .	»	»	16,620 »	Auc.som.désig.
»	St-Jacques-des-Arrêts .	»	»	2,047 »	»
»	Saint-Julien-sur-Bibost	»	»	S. réunie au 1er Juin	»
»	Saint-Mamert.	»	»	3,280 »	»
»	Trades	»	»	9,810 »	»
29 Juin .	Cenves.	»	»	S. réunie au 28 Juin	»
»	Saint-Christophe . .	»	»	» 28 Juin	»
»	St-Jacques-des-Arrets	»	»	» 28 Juin	»
»	Saint-Mamert.	»	»	» 28 Juin	»
»	Trades	»	»	» 28 Juin	»
»	Vauxrenard.	»	Vignes . .	820 »	»
1er Juillet	Jullié	»	»	422 »	»
7 Juillet.	Ville-sur-Jarnioux. . .	»	»	3,689 »	»
5 Juillet .	Ville-sur-Jarnioux. . .	»	»	S. réunie au 7 Juill.	»
30 Juillet	Joux	Grêle et pluie. .	Récoltes div.	3,145 »	»
1er Août.	Beaujeu.	Grêle.	Vignes. . . .	29,650 »	»
»	Chiroubles	»	»	12,280 »	»
»	Gleizé	»	»	28,087 »	»
»	Lentigné	»	»	42,837 »	»
»	Liergue	»	»	23,226 »	»
»	Marchampt.	»	»	11,364 »	»
»	Régnié	»	»	22,076 »	»
»	Saint-Marcel.	»	Récoltes div.	834 »	»
»	Villié.	»	Vignes . . .	69,136 »	»
4 Août. .	Brussieux.	»	Récoltes div.	S. réunie au 21 Juin	»
6 Août. .	Courzieux.	»	»	11,790 »	»
»	Thurins	»	»	21,087 »	»
9 Août. .	St-Laurent-d'Agny . .	»	»	»	Dem. d'indem.
23 Août .	Albigny.	»	»	42,526 »	Auc.som.désig.
»	Brindas.	»	Vignes. . . .	21,055 »	»
»	Chaussan.	»	Récoltes div.	»	Dem. d'indem.

ÉPOQUES	COMMUNES	INTEMPÉRIES	SORTES DE RÉCOLTES PERDUES	VALEURS DES RÉCOLTES PERDUES	SOMMES ACCORDÉES EN REMISE OU MODÉRATION
				FR. C.	FR. C.
Suite de 1850					
23 Août	Charbonnières . . .	Grêle.	Vignes. . . .	4,800 »	Auc.som.désig.
»	Collonges.	»	»	12,297 33	»
»	Couzon.	»	»	54,450 »	»
»	Craponne.	»	»	24,000 »	»
»	Curis.	»	»	11,790 »	»
»	Grézieux-la-Varenne .	»	Récoltes div.	8,700 »	»
»	Limonest.	»	Vignes. . . .	18,523 »	»
»	Neuville	»	Récoltes div.	10,350 »	»
»	Soucieux-en-Jarret .	»	»	19,773 »	»
»	Saint-Cyr-au-Mont-d'Or	»	»	5,294 »	»
»	St-Didier-au-Mont-d'Or.	»	Vignes. . . .	35,590 »	»
»	St-Romain-au-Mt-d'Or.	»	»	20,100 »	»
2 Octobre	Brulliolles.	»	Récoltes div.	21,450 »	»
»	Chaussan.	»	»	18,935 »	»
1851					
23 Avril.	Orliénas	Grêle. . . .	Vignes. . . .	Aucune de désignée	Dem. d'indem.
12 Mai. .	Saint-Marcel	»	Récoltes div.	1,020 »	Auc.som.désig.
2 Juin. .	La Chapelle-de-Mardore	»	»	3,754 25	»
»	Montmelas	»	Vignes. . . .	1,888 »	»
»	Montrotier	»	Récoltes div.	8,425 »	»
»	Rivolet.	»	»	26,740 »	»
»	Saint-Jean-la-Bussière	»	»	1,354 »	»
3 Juin. .	Cublize.	»	»	1,454 »	»
»	Monsols	»	»	6,260 »	»
»	Rivolet.	»	»	S. réunie au 2 Juin.	»
»	Saint-Jean-la-Bussière .	»	»	» 2 Juin.	»
»	Saint-Mamert. . . .	»	»	1,260 »	»
4 Juin. .	Ardillats (Les). . . .	»	»	7,175 »	»
»	Grandris	»	»	2,775 »	»
»	Ouroux.	»	»	50,200 »	»
1er Juillet	Bessenay	»	»	3,160 »	»
»	Brulliolles	»	»	23,980 »	»
»	Chaussan.	»	»	57,363 »	»
»	Mornant	»	Vignes. . . .	129,408 »	»
»	St-Didier-s.-Riverie. .	»	Récoltes div.	20,740 »	»
»	St-Germain-s-l'Arbresle	»	»	9,146 32	»
»	Saint-Laurent-d'Agny .	»	»	7,156 »	»
»	St-Maurice-s.-Dargoire	»	»	10,285 »	»
4 Juillet .	Chevinay.	»	»	3,399 »	»
5 Juillet.	Ampuis.	»	»	35,795 »	»
»	Condrieu.	»	Vignes . . .	26,570 »	»
8 Juillet.	Saint-Romain-en-Gal .	»	Récoltes div.	60,025 »	»
10 Juillet	Nuelles.	»	»	16,830 »	»

ÉPOQUES	COMMUNES	INTEMPÉRIES	SORTES DE RÉCOLTES PERDUES	VALEURS DES RÉCOLTES PERDUES	SOMMES ACCORDÉES EN REMISE OU MODÉRATION
				FR. C.	FR. C.
Suite de 1851 10 Juillet	Savigny	Grêle.	Récoltes div.	4,821 »	Auc. som. désig.
11 Juillet	Saint-Romain-en-Gal. .	»	»	S. réunie au 8 Juill.	»
20 Juillet	Tassin	»	Vignes . . .	9,240 »	»
23 Juillet	Charantay.	»	»	348,930 64	»
24 Juillet	Poleymieux	»	Récoltes div.	3,261 »	»
29 Juillet	Chaponost	»	Vignes. . .	24,577 »	»
»	Ecully	»	Récoltes div.		Dem. d'indem.
»	Larajasse.	»	»	33,918 »	Auc. som. désig.
»	Longes et Trèves . . .	»	»	6,877 »	»
»	Messimy	»	Vignes. . .	299,242 »	»
»	Rontalon	»	Récoltes div.	92,675 »	»
»	Saint-André-la-Côte . .	»	»	5,443 »	»
»	Sainte-Foy-lès-Lyon. .	»	Vignes . . .	15,980 »	»
»	Saint-Martin-en-Haut .	»	Récoltes div.	33,042 »	»
»	Saint-Sorlin	»	»	24,730 »	»
»	Saint-Julien	»	Vignes . . .	60,965 »	»
»	Thurins	»	Récoltes div.	133,877 »	»
30 Juillet	Letra.	»	Vignes. . .	19,958 »	»
»	Montmelas	»	»	38,266 »	»
»	Soucieux-en-Jarret . .	»	Récoltes div.	37,680 »	»
»	Sainte-Foy-lès-Lyon . .	»	Vignes . . .	S. réunie au 29 Juill.	
7 Août .	Avenas	»	Récoltes div.	4,288 »	»
»	Beaujeu	»	Vignes. . .	89,545 »	»
»	Cercié	»	»	24,000 »	»
»	Chiroubles	»	»	33,024 »	»
»	Fleurié	»	»	297,268 »	»
»	Lancié	»	»	13,148 »	»
»	Odenas.	»	»	51,850 »	»
»	Quincié.	»	»	344,600 »	»
»	Régnié	»	»	143,197 93	»
»	St-Didier-sur-Beaujeu. .	»	»	11,420 »	»
»	Vauxrenard.	»	»	38,750 »	»
»	Villié.	»	»	338,184 »	»
14 Août .	Alix	»	Vignes. . .	34,345 »	»
»	Ampuis	»	Récoltes div.	91,868 »	»
»	Aveize	»	»	12,316 »	»
»	Breuil (le)	»	»	7,618 »	»
»	Brindas.	»	Vignes. . .	170,586 »	»
»	Chaponost	»	»	S. réunie au 29 juill.	»
»	Chaussan	»	Récoltes div.	» 1er Juill.	»
»	Collonges.	»	Vignes . . .	14,232 »	»
»	Chessy	»	»	27,768 »	»
»	Craponne.	»	»	43,290 »	»
»	Dième	»	Récoltes div.	8,970 »	»
»	Frontenas.	»	Vignes . . .	57,856 »	»

ÉPOQUES	COMMUNES	INTEMPÉRIES	SORTES DE RÉCOLTES PERDUES	VALEURS DES RÉCOLTES PERDUES	SOMMES ACCORDÉES EN REMISE OU MODÉRATION
				FR. C.	FR. C.
Suite de 1851					
14 Août	Hayes (les)	Grêle	Récoltes div.	30,775 »	Auc. som. désig.
»	Lacenas	»	Vignes....	50,965 »	»
»	Legny	»	»	87,645 »	»
»	Létra	»	»	S. réunie au 30 Juill.	»
»	Liergue	»	»	47,939 »	»
»	Loire	»	Récoltes div.	22,085 »	»
»	Lucenay	»	»	186,072 »	»
»	Marcy-Lachassagne	»	Vignes....	108,000 »	»
»	Messimy	»	»	S. réunie au 29 Juill.	»
»	Meys	»	Récoltes div.	24,500 »	»
»	Moiré	»	»	57,748 »	»
»	Montromant	»	»	5,295 »	»
»	Morancé	»	Vignes....	38,245 »	»
»	Pommiers	»	»	79,725 »	»
»	Pouilly-le-Monial	»	»	82,617 »	»
»	Rontalon	»	Récoltes div.	S. réunie au 29 Juill.	»
»	Soucieux-en-Jarret	»	»	» 30 Juill.	»
»	Saint-André-la-Côte	»	»	» 29 Juill.	»
»	St-Clément-s.-Valsonne	»	»	17,090 »	»
»	Sainte-Colombe	»	Vignes.	52,677 »	»
»	Saint-Cyr-s.-Rhône	»	»	16,450 »	»
»	St-Didier-au-Mont-d'Or	»	»	11,260 »	»
»	Ste-Foy-l'Argentière	»	Récoltes div.	2,460 »	»
»	St-Genis-l'Argentière	»	»	2,625 »	»
»	St-Laurent-d'Oingt	»	Vignes....	271,431 »	»
»	St-Martin-en-Haut	Grêle et pluie	Récoltes div.	14,369 »	»
»	Sainte-Paule	Grêle	»	75,278 30	»
»	St-Rambert-l'Ile-Barbe	»	Vignes....	15,983 »	»
»	St-Romain-en-Gal	»	Récoltes div.	S. réunie au 8 Juill.	»
»	St-Sorlin	»	»	» 29 Juill.	»
»	St-Vérand	»	»	32,500 »	»
»	Theizé	»	Vignes	409,482 »	»
»	Thurins	»	Récoltes div.	S. réunie au 29 Juill.	»
»	Tupin-Semons	»	»	70,060 »	»
»	Vaugneray	»	Vignes.	22,017 »	»
»	Ville-s.-Jarnioux	»	»	126,373 50	»
17 Août	Ancy	»	Récoltes div.	45,875 »	»
»	Azolette	»	Terres...	2,310 »	»
»	Beaujeu	»	Vignes....	S. réunie au 7 Août	»
»	Belleville	»	»	43,672 50	»
»	Chambost	»	Récoltes div.	3,797 »	»
»	Cogny	»	Vignes....	70,473 »	»
»	Chiroubles	»	»	S. réun. au 7 Août.	»
»	Denicé	»	»	74,495 »	»
»	Durette	»	Récoltes div.	57,500 »	»
»	Fleurié	»	Vignes....	S. réunie au 7 Août	»
»	Lacenas	»	»	» 14 Août	»
»	Lancié	»	»	» 7 Août	»
»	Liergue	»	»	» 14 Août	»
»	Longessaigne	»	Récoltes div.	23,788 »	»
»	Marchampt	»	»	76,891 »	»
»	Montrotier	»	»	59,830 »	»

ÉPOQUES	COMMUNES	INTEMPÉRIES	SORTES DE RÉCOLTES PERDUES	VALEURS DES RÉCOLTES PERDUES	SOMMES ACCORDÉES EN REMISE OU MODÉRATION
Suite de 1851				FR. C.	FR. C.
17 Août.	Ranchal.	Grêle.	Récoltes div.	5,370 »	Auc. som. désig.
»	Régnié	»	Vignes. . . .	S. réunie au 7 Août	»
»	Rontalon	»	Récoltes div.	» 29 Juill.	»
»	St-Forgeux	»	»	21,405 »	»
» 6 h. s.	St-Julien-s.-Bibost. . .	»	»	3,535 »	»
»	St-Nizier-d'Azergues. .	»	»	7,385 »	»
»	St-Vérand.	»	»	S. réunie au 14 Août	»
»	Villechenève	»	»	3,066 »	»
»	Villié.	»	Vignes. . . .	S. réunie au 7 Août	»
Sans date	Charnay	»	Récoltes div.	75,486 »	»
»	Lantignié.	»	»	87,660 20	»
»	St-Romain-au-Mt-d'Or.	»	Vignes. . . .		Dem. d'indem.
1852					
1853					
1854					
22 Avril.	Saint-Lager.	Grêle.	Vignes. . . .	150,000 »	Auc. som. désig.
11 Juillet	Albigny.	»	Vignes. . .	92,530 »	»
»	Cailloux-s.-Fontaines .	»	Récoltes div.	229,101 »	»
»	Caluire.	»	»	15,770 »	»
»	Charbonnières	»	Vignes. . .	24,205 »	»
»	Collonges.	»	»	73,199 »	»
»	Couzon.	»	»	211,000 »	»
»	Curis.	»	»	26,240 »	»
»	Dardilly	»	»	111,805 »	»
»	Dommartin	»	Récoltes div.	33,742 77	»
»	Ecully	»	»	34,291 »	»
»	Fleurieux-s.-Saône . .	»	»	52,512 »	»
»	Fontaines-s.-Saône. .	»	»	16,372 »	»
»	Fontaines-St-Martin .	»	»	48,085 »	»
»	Lentilly.	»	Vignes. . .	84,074 »	»
»	Limonest.	»	»	163,500 »	»
»	Longessaigne	»	»	60,370 »	»
»	Montrotier	»	Récoltes div.	22,750 »	»
»	Neuville	»	»	85,271 »	»
»	Nuelles.	»	»	72,976 »	»
» 4 h. s.	Poleymieux.	»	»	20,283 »	»
»	Pollionnay	»	»	5,220 »	»
»	Savigny.	»	»	25,326 »	»
»	Sourcieux-s.-Sain-Bel .	»	»	17,237 »	»
» 4 h. s.	St-Clément-des-Places.	»	»	16,700 »	»
»	St-Cyr-au-Mont-d'Or. .	»	Vignes. . . .	299,221 »	»
»	St-Didier-au-Mont-d'Or.	Grêle et gelée. . .	»	244,054 »	»
»	St-Rambert-l'Ile-Barbe .	Grêle.	»	33,827 85	»
»	St-Romain-au-Mt-d'Or.	»	»	122,910 »	»
»	Tour-de-Salvagny. . .	»	Récoltes div.	25,390 »	»
25 Juillet	Saint-Christophe. . . .	»	»	14,020 »	»
»	St-Lager	»	Vignes. . . .	S. réunie au 22 Avril	»
31 Juillet	Amplepuis	»	Terres . . .	4,123 »	»
»	Arnas.	»	Récoltes div.	100,000 »	»

ÉPOQUES	COMMUNES	INTEMPÉRIES	SORTES DE RÉCOLTES PERDUES	VALEURS DES RÉCOLTES PERDUES	SOMMES ACCORDÉES EN REMISE OU MODÉRATION
				FR. C.	FR. C.
Suite de 1854 31 Juillet	Blacé.	Grêle.	Vignes. . . .	Aucune de désignée.	Dem. d'indem.
»	Chambost.	»	Récoltes div.	36,360 »	Auc. som. désig.
»	Limas	»	»	27,213 »	»
»	Ronno	»	»	17,885 »	»
»	St-Etienne-la-Varenne.	»	Vignes. . . .	100,000 »	»
»	St-Georges-de-Reneins.	»	»	50,000 »	»
»	St-Julien	»	»	»	Dem. d'indem.
»	St-Just-d'Avray . . .	»	Récoltes div.	33,369 75	Auc. som. désig.
»	St-Laurent-d'Oingt . .	»	Vignes. . . .	137,893 »	»
»	Saint-Vérand. . . .	Grêle et orage .	Récoltes div.	92,749 »	»
1er Août.	Belmont	Grêle.	Vignes. . . .	46,845 »	»
»	Bibost . . . , . . .	»	Récoltes div.		Dem. d'indem.
»	Bourg-de-Thizy . . .	»	Vignes. . . .	176,045 »	Auc. som. désig.
»	Brulliolles	»	Grains. . . .	29,208 »	»
»	Bully.	»	Récoltes div.	6,550 »	»
»	Chasselay.	»	Vignes. . . .	36,882 »	»
»	Chatillon-d'Azergues .	»	»	195,760 »	»
»	Claveisolles.	»	Récoltes div.	8,399 »	»
»	Chères (les).	»	Vignes . . .		Dem. d'indem.
»	Eveux	»	Récoltes div.	15,995 »	Auc. som. désig.
»	Grandris	»	»	22,440 »	»
»	Mardore	»	»	12,052 »	»
»	Pouilly-le-Monial . . .	»	Vignes. . . .	24,916 95	»
»	Quincieux	»	»	38,102 »	»
»	Ranchal	»	»	3,365 »	»
»	Rivolel . . . . , . .	Grêle et gelée. . .	Récoltes div.	73,400 »	»
» 8 b.s.	St-Clément-les-Places .	Grêle.	»	25,190 »	»
»	St-Cyr-le-Chatoux . . .	»	»	3,400 »	»
»	St-Forgeux	»	»	6,495 »	»
»	St-Germain-au-Mt-d'Or.	»	Vignes. . . .	87,750 »	»
»	St-Germain-s-l'Arbresle	»	Récoltes div.	144,461 »	»
»	St-Jean-des-Vignes. . .	»	Vignes. . . .	116,213 »	»
»	St-Julien-sur-Bibost . .	Grêle et gelée. . .	Récoltes div.	64,795 »	»
»	Saint-Just-d'Avray . .	Grêle.	»	S. réunie au 31 Ju.	»
»	Saint-Romain-de-Popey.	»	Vignes. . . .	48,821 »	»
»	Thel	»	Récoltes div.	4,443 »	»
2 Août. .	Moiré.	»	»	42,667 »	»
»	Neuville	»	»	S. réunie au 11 Juill.	»
4 Août. .	Joux	»	»	2,350 »	»
31 Août.	Quincié	»	Vignes. . . .	150,000 »	»
Août.	Liergue.	»	»	318,173 »	»
»	Lozanne	»	»	96,022 »	»
Sans date	Affoux	Grêle et gelée .	Terres . . .	36,685 »	»
1855 2 Juin. .	Joux	Grêle. . . .	Récoltes div.	9,410 »	»
»	Salles	»	Vignes. . . .	29,215 »	»
»	Saint-Just-d'Avray . .	»	Récoltes div.	6,160 »	»

ÉPOQUES	COMMUNES	INTEMPÉRIES	SORTES DE RÉCOLTES PERDUES	VALEURS DES RÉCOLTES PERDUES	SOMMES ACCORDÉES EN REMISE OU MODÉRATION
				FR. C.	FR. C.
Suite de 1855 3 Juin. .	Chamelet	Grêle.	Récoltes div.	21,590 »	Auc.som.désig.
»	St-Etienne-la-Varenne .	»	Vignes. . . .	250,000 »	»
13 Juin .	Chambost.	»	Récoltes div.	4,559 »	»
30 Juin .	Chambost.	»	»	S. réunie au 15 Juin	»
1er Juillet	Gleizé	»	Vignes . . .	36,230 »	»
»	Lacenas.	»	»	68,000 »	»
16 Juillet	Cercié	»	»	48,000 »	»
»	Claveisolles.	»	Récoltes div.	4,265 »	»
»	Corcelles.	»	Vignes. . . .	69,854 »	»
»	Lancié	»	»	120,000 »	»
»	Ouroux.	»	Récoltes div	4,615 »	»
»	Régnié	»	Vignes . . .	100.000 »	»
»	Villié.	»	»	200,000 »	»
23 Juillet	Chenas	»	»	45,503 »	»
11 Août .	Brussieux.	»	»	37,940 »	»
10 Sept.	Affoux	»	Terres . . .	6,400 »	»
»	Beaujeu.		Vignes. . .	37,940 »	»
»	Chenas.		»	. réunie au 23 Juil.	»
»	Claveisolles.	»	Récoltes div.	15,950 »	»
»	Lamure		»	6,005 »	»
»	Marchampt.		Vignes. . . .	80,000 »	»
»	Odenas.		»	150,000 »	»
» 2 à 3 h. s.	Quincié		»	150,000 »	»
»	Réguié		»	30,000 »	»
»	St-Bonnet-le-Troncy .		Récoltes div.	2,675 »	»
»	St-Didier-s.-Beaujeu . .		»	12,000 »	»
»	St-Jean-la-Bussière .		»	9,889 »	»
»	Saint-Nizier-d'Azergues	»	»	16,152 »	»
»	Villechenève	Grêle et pluie. . .	Vignes. . . .	540 »	»
1856 5 Mai . .	Sourcieux-sur-Sain-Bel	Grêle et gelée. . .	Récoltes div.	22,245 »	»
15 Mai .	Bourg-de-Thizy . . .	Grêle.	Terres, vignes	20,350 »	»
»	Saint-Didier-sur-Riverie		Récoltes div.	19,138 »	»
»	Vauxrenard.	»	Vignes . . .	5,230 »	»
24 Mai .	Ampuis.	»	Récoltes div.		Dem. d'indem.
»	Gleizé		Vignes. . . .	58,730 »	Auc.som.désig.
»	Limas	»	Récoltes div.	8,829 50	»
10 Juin .	Coise.	»	»	15,000 »	»
»	Larajasse.	»	»		Dem. d'indem.
»	St-Symphorien-s.-Coise	»	»	18,435 »	Auc.som.désig.
11 Juin .	Pomeys	»	»	9,070 »	
»	Ste-Catherine-s.-Riverie	»	»	38,030 »	

ÉPOQUES	COMMUNES	INTEMPÉRIES	SORTES DE RÉCOLTES PERDUES	VALEURS DES RÉCOLTES PERDUES	SOMMES ACCORDÉES EN REMISE OU MODÉRATION
				FR. C.	FR. C.
Suite de 1856					
11 Juin .	St-Martin-en-Haut . . .	Grêle.	Récoltes div.		Dem. d'indem.
»	Saint-Sorlin	»	»	27,510 »	Auc. som. désig.
12 Juin .	St-Martin-en-Haut . . .	»	»		Dem. d'indem.
11 Août .	Saint-André-la-Côte. .	»	»	36,340 »	Auc. som. désig.
13 Août .	Lentilly.	»	Vignes. . . .	22,989 »	»
»	Sourcieux-s-Sain-Bel. .	Grêle et gelée . . .	Récoltes div.	S. réunie au 5 Mai	»
16 Août .	Chenas.	Grêle.	Vignes. . . .	68,375 »	»
»	Claveisolles	»	Récoltes div.	9,970 »	»
»	Chiroubles	»	Vignes. . . .	120,159 »	»
»	Fleurié	»	»	929,954 »	»
»	Lancié	»	»	160,000 »	»
»	Marchampt	»	»	239,440 »	»
»	Régnié	»	»	230,000 »	»
»	Villié.	»	»	548,054 »	»
18 Août .	Chenas.	»	»		
»	Claveisolles	»	Récoltes div.	S. réunie au 16 Août	»
»	Chiroubles	»	Vignes. . . .	» »	»
»	Fleurié	»	»	» »	»
»	Marchampt	»	»	» »	»
»	Régnié	»	»	» »	»
21 Août .	Beaujeu.	»	»	78,346 »	»
»	Chenas.	»	»	S. réunie au 16 Août	»
»	Claveisolles.	.	Récoltes div.	» »	»
»	Chiroubles	»	Vignes. . . .	» »	»
»	Durette.	»	»	139,313 »	»
»	Fleurié	»	»	S. réunie au 16 Août	»
»	Lancié	»	»	» »	»
»	Lantignié.	»	»	96,000 »	»
»	Marchampt	»	»	S. réunie au 16 Août	»
»	Quincié.	»	»	194,900 »	»
»	Régnié	»	»	S. réunie au 16 Août	»
»	Villié.	»	»	» »	»
Sans date	Chassagny	»	Récoltes div.	37,250 »	»
»	Couzon.	»	Vignes. . . .	117,437 »	»
1857					
25 Avril.	Cercié	Grêle.	Vignes . . .	53,200 »	»
26 Avril.	Cercié	»	»	S. réunie au 25 Avril	»
16 Mai.	Olmes (les).	»	Récoltes div.	6,485 »	»
»	Sarcey	»	»	33,391 »	»
»	St-Romain-de-Popey . .	»	»	64,393 »	»
Mai. .	Chatillon-d'Azergues. .	Grêle et gelée. . .	Vignes . . .	44,300 »	»
3 Juin. .	St-Jacques-des-Arrêts .	Grêle.	Récoltes div.	3,140 »	»

ÉPOQUES	COMMUNES	INTEMPÉRIES	SORTES DE RÉCOLTES PERDUES	VALEURS DES RÉCOLTES PERDUES	SOMMES ACCORDÉES EN REMISE OU MODÉRATION
Suite de 1857				FR. C.	FR. C.
30 Juin .	Couzon.	Grêle.	Vignes. . . .	40,175 »	Auc.som.désig.
»	Fontaines-St-Martin . .	»	»	18,147 »	»
»	Poleymieux.	»	Récoltes div.	7,769 »	»
»	Rochetaillée.	»	Vignes. . . .	12,290 »	»
»	St-Cyr-au-Mont-d'Or .	»	»	6,729 »	»
»	St-Romain-au-Mt-d'Or .	»	»	51,190 »	»
					»
21 Juillet	Ampuis.	»	Récoltes div.	215,600 »	»
»	Condrieu.	»	Vignes. . . .	71,568 »	»
»	Échallas	»	»	74,100 »	»
»	Givors	»	Récoltes div.	48,620 »	»
»	Hayes (les)	»	»	144,955 »	»
»	Loire.	»	»	240,068 »	»
»	Longes et Trèves . . .	»	»	174,055 »	»
»	Sainte-Colombe . . .	»	»	28,200 »	»
»	St-Cyr-s.-le-Rhône . .	»	Vignes. . .	76,705 »	»
»	Trèves	»	Récoltes div.	21,057 »	»
»	Tupin-Semons	»	»	49,840 »	»
28 Juillet	Longes-et-Trèves . . .	»	»	Aucune de désignée.	Dem. d'indem .
30 Juillet	St-Martin de Cornas. .	»	Vignes. . : .	27,975 »	Auc.som.désig.
31 Juillet	St-Romain-en-Gal . . .	»	Récoltes div.	345,210 »	»
17 Août .	Sainte-Paule.	»	»	42,754 »	»
»	Saint-Vérand	»	Vignes. . . .	28,976 »	»
24 Août .	St-Julien-sur-Bibost . .	»	Récoltes div.	8,943 »	»
31 Août .	Odenas.	»	Vignes. . . .	100,000 »	»
»	Quincié.	»	»	141,800 »	»
»	St-Didier-sur-Beaujeu .	»	Récoltes div.	6,600 »	»
1er Sept.	Ampuis	»	»	131.865 »	»
»	Chaussan.	»	»	1.100 »	»
»	Condrieu	»	Vignes. . . .	167,490 »	»
»	Échallas	»	»	18,300 »	»
»	Écully	»	»	15,385 »	»
»	Hayes (les)	»	Récoltes div.	33,140 »	»
»	Limonest.	»	Vignes. . . .	16,860 »	»
»	Longes-et-Trèves . . .	»	Récoltes div.	174,055 »	»
»	Croix-Rousse (Lyon). .	»	»	20,300 »	»
»	Saint-Didier-sur-Riverie	»	»	94,068 »	»
»	Saint-Jean-de-Toulas .	»	»	40,420 »	»
»	Saint-Martin-en-Haut .	»	»	25,020 »	»
»	St-Maurice-s.-Dargoire	»	»	55,588 »	»
»	Saint-Romain-en-Gier .	»	Vignes. . . .	32,200 »	»
»	Saint-Sorlin.	»	Récoltes div.	13,000 »	»
»	Taluyers	»	Vignes. . . .	26,878 »	»
»	Thurins	»	Récoltes div.	47,925 »	»
»	Trèves	»	»	66,220 »	»
»	Tupin-Semons	»	»	216,800 »	»

ÉPOQUES	COMMUNES	INTEMPÉRIES	SORTES DE RÉCOLTES PERDUES	VALEURS DES RÉCOLTES PERDUES	SOMMES ACCORDÉES EN REMISE OU MODÉRATION
				FR. C.	FR. C.
Suite de 1857					
17 Sept	Caluire.	Grêle.	Récoltes div.	25,580 »	Auc.som.désig.
1858					
10 Mai .	Breuil (le)	Grêle et gelée. . .	Récoltes div.	7,765 »	»
»	Chessy.	»	Vignes. . . .	29,405 »	»
»	Olmes (les).	»	Récoltes div.	1,540 »	»
11 Mai. .	Durette.	»	Vignes. . . .	Aucune de désignée.	Dem. d'indem.
23 Mai. .	Ancy.	Grêle.	Terres,vignes	19,360 »	Auc.som.désig.
»	Anse.	»	»	155,605 »	»
»	Breuil (le)	»	Récoltes div.	S. réunie au 10 Mai	»
»	Chambost	»	»	746 »	»
»	Chessy.	»	Vignes. . . .	S. réunie au 10 Mai	»
»	Durette.	»	»		Dem. d'indem.
»	Lachassagne	»	»	24,130 »	Auc.som.désig.
»	Longessaigne	»	»	16,938 »	»
»	Montrotier	»	Récoltes div.	16,792 »	»
»	Olmes (les).	»	»	S. réunie au 10 Mai	»
»	St-Clément-des-Places .	»	»	10,208 »	»
25 Mai .	Savigny.	»	»	13,490 »	»
»	St-Julien-s.-Bibost. . .	»	»	9,785 »	»
16 Juillet	Saint-Christophe . .	»	»	5,460 »	»
27 Juillet	Brindas.	»	Vignes. . . .	Aucune de désignée.	Dem. d'indem.
»	Chaussan.	»	Récoltes div	4,175 »	Auc.som.désig.
»	Craponne.	»	Vignes. . . .	4,225 »	»
»	Messimy	»	»	45,090 »	»
»	Tassin	Grêle et gelée. .	»	6,290 »	»
»	Thurins	Grêle.	Récoltes div	30,100 »	»
8 Août. .	Cenves.	»	»	620 »	»
11 Août .	Brulliolles	»	»	3,005 »	»
»	Bully.	»	Vignes. . .	3,790 »	»
14 Août .	St-Julien-s.-Bibost. . .	»	Récoltes div.	S. réunie au 25 Mai	»
1859					
25 Avril.	Brussieux	Grêle.	Vignes. . . .	72,385 »	»
»	Brignais	»	»	109,105 »	»
»	Brulliolles	»	Récoltes div.	13,405 »	»
»	Chaponost	»	Vignes. . . .	71,200 »	»
»	Charly.	»	»	193,818 »	»
»	Irigny	»	»	147,325 »	»
»	Messimy	»	»	11,413 »	»
»	Soucieux-en-Jarret . .	»	Récoltes div.	119,985 »	»
»	St-Genis-Laval	»	»	103,810 »	»
»	Thurins	»	»	38,100 »	»
»	Vernaison	»	Vignes. . . .	76,615 »	»
»	Vourles	»	»	119,870 »	»
»	Yzeron	»	Récoltes div.	3,730 »	»

ÉPOQUES	COMMUNES	INTEMPÉRIES	SORTES DE RÉCOLTES PERDUES	VALEURS DES RÉCOLTES PERDUES	SOMMES ACCORDÉES EN REMISE OU MODÉRATION
Suite de 1859				FR. C.	FR. C.
5 Mai . .	Morancé	Grêle . . . , . . .	Vignes . . .	12,389 »	Auc. som. désig.
7 Mai . .	Gleizé	»	»	82,962 »	»
22 Mai . .	Chenas	»	»	44.455 »	»
»	St-Andéol-le-Château .	»	Récoltes div.	38,315 »	»
»	St-Lager	»	Vignes. . . .	54 720 »	»
»	St-Martin-de-Cornas . .	»	»	22,380 »	»
»	Saint-Vérand	»	Récoltes div.	3,285 »	»
23 Mai . .	St-Andéol-le-Château .	»	»	S. réunie au 22 Mai	»
»	St-Martin-de-Cornas . .	»	Vignes . . .	» 22 Mai	»
24 Mai .	Chambost	»	Récoltes div.	746 »	»
27 Mai .	Loire	»	»	13,965 »	»
»	St-Didier-au-Mt-d'Or .	»	Vignes. . . .	67,670 »	»
4 Juin . .	Marchampt	»	»	43,590 »	»
8 Juin .	Beaujeu	»	»	78,346 »	»
»	Claveisolles	»	Récoltes div.	7,665 »	»
»	Jullié	»	Vignes. . . .	21,055 »	»
»	Létra	»	»	15,935 »	»
»	Ouroux	»	Récoltes div.	3,050 »	»
12 Juin .	Courzieux	»	»	18,035 »	»
»	Vaugneray	»	»	3,360 »	»
16 Juin .	Poule	»	»	3,550 »	»
»	St-André-la-Côte . . .	»	»	38,315 »	»
17 Juin .	Poule	»	»	S. réunie au 16 Juin	»
20 Juillet	Julliénas	»	Vignes. . . .	82,457 »	»
»	Vauxrenard	»	»	50,758 »	»
21 Juillet	Bessenay	»	Récoltes div	55,590 »	»
»	Dibost	»	Vignes. . . .	40,814 »	»
»	Brussieux	»	»	S. réunie au 25 Avril	»
»	Brulliolles	»	Récoltes div.	» 25 Avril	»
»	Bully	»	Vignes. . . .	36,765 »	»
»	Savigny	»	»	15,683 »	»
»	St-Genis-l'Argentière	Grêle et pluie . . .	Récoltes div.	7,610 »	»
»	St-Julien-s.-Dibost . .	Grêle	»	4,370 »	»
»	St-Romain-en-Gier .	»	Vignes . . .	5,105 »	»
»	Chassagny	»	»	43,190 »	»
30 Juillet	Chenas	»	»	S. réunie au 22 Mai	»
3 Août .	St-Etienne-la-Varenne .	»	»	87,640 »	»
4 Août . .	Létra	»	»	S. réunie au 8 Juin.	»

ÉPOQUES	COMMUNES	INTEMPÉRIES	SORTES DE RÉCOLTES PERDUES	VALEURS DES RÉCOLTES PERDUES	SOMMES ACCORDÉES EN REMISE OU MODÉRATION
				FR. C.	FR. C.
Suite de 1859					
4 Août.	Limas	Grèle	Vignes. . . .	83,040 »	Auc.som.désig.
»	Oingt	»	»	23,225 »	»
»	St-Laurent-d'Oingt . .	»	Récoltes div.	8,550 »	»
»	Ste-Paule.	»	»	40,290 »	»
»	Theizé	»	Vignes. . . .	26,365 »	»
»	Ville-sur-Jarnioux . .	Grèle et pluie. .	Récoltes div.	136,450 »	»
					»
5 Août.	Létra.	Grèle	Vignes. . . .	S. réunie au 4 Août	»
»	Liergues	»	»	30,395 »	»
»	Limas	»	»	S. réunie au 4 Août	»
»	Oingt	»	»	» »	»
»	Pommiers.	»	»	79,725 »	»
»	Pouilly-le-Monial . . .	»	»	48,761 »	»
»	St-Laurent-d'Oingt . .	»	Récoltes div.	S. réunie au 4 Août.	»
»	Ste-Paule.	»	»	» »	»
»	Theizé	»	Vignes. . . .	» »	»
»	Ville-sur-Jarnioux. . .	Grèle et pluie. . .	Récoltes div.	» »	»
					»
10 Août.	Ranchal	Grèle	»	3,365 »	»
»	Thel.	»	»	16,060 »	»
					»
12 Août.	Thel.	»	»	S. réunie au 10 Août	»
					»
29 Août.	Chambost.	»	»	2,500 »	»
					»
4 Sept.	Couzon.	»	Vignes . . .	22,263 »	»
»	Rochetaillée	»	»	5,028 »	»
					»
28 Sept.	Azolette	»	Terres . . .	10,630 »	»
»	Propières.	»	Récoltes div	6,675 »	»
»	St-Igny-de-Vers. . .	»	»	7,957 »	»
					»
Sans date	Durette.	»	Vignes. . . .	13,640 »	»
1860					»
3 Juin.	Amplepuis	Grèle	Terres . . .	8,260 »	»
»	Ardillats (les)	»	»	10,170 »	»
»	Azolette	»	»	7,804 »	
»	Bessenay	»	Terres, vignes	50,655 »	»
»	Brulliolles	»	Vignes. . . .	8,463 »	»
»	Brussieux	»	Terres, vignes	66,781 »	»
»	Chasselay.	»	Récoltes div.	203,750 »	»
»	Chenelette	»	Terres . . .	91,350 »	»
»	Chères (les)	»	Vignes. . . .	10,940 »	»
»	Chevinay.	»	Terres, vignes	69,280 »	»
»	Civrieux	»	Récoltes div.	48,730 »	»
»	Cours	»	Terres . . .	13,580 »	»
»	Courzieux	»	Terres, vignes	151,395 »	»
»	Couzon.	»	Vignes. . . .	53,590 »	»
»	Dardilly	»	Récoltes div.	43,590 »	»
»	Dommartin	»	Terres, vignes	37,028 »	»
»	Eveux	»	Vignes . . .	26,720 »	»
»	Lamure.	»	»	22,000 »	»
»	Lentilly	»	Récoltes div.	178,780 »	»

ÉPOQUES	COMMUNES	INTEMPÉRIES	SORTES DE RÉCOLTES PERDUES	VALEURS DES RÉCOLTES PERDUES	SOMMES ACCORDÉES EN REMISE OU MODÉRATION
Suite de 1860				FR. C.	FR. C.
3 Juin. .	Limonest.	Grèle.	Récoltes div.	38,317 »	Auc.som.désig.
»	Lissieux	»	Vignes et blés	153,605 »	»
»	Marcilly	»	Vignes. . .	102,405 »	»
»	Marcy et Ste-Consorce.	»	Récoltes div.	88,841 »	»
»	Montromand	»	Terres, vignes	29,250 »	»
»	Poleymieux	»	Vignes. . . .	5,710 »	»
»	Pollionnay	»	Récoltes div.	109,185 »	»
»	Poule.	»	»	88,680 »	»
»	Propières.	»	Terres	43,211 »	»
»	Quincieux	»	Vignes. . . .	16,642 »	»
»	Ranchal	»	Terres, prés.	89,483 »	»
»	Régnié	»	Vignes . . .	21,700 »	»
»	Sain-Bel	»	»	5,435 »	»
»	St-Etienne-la-Varenne .	»	»	34,630 »	»
»	St-Genis-l'Argentière .	»	Récoltes div.	29,450 »	»
»	St-Germain-au-Mt-d'Or	»	Vignes, terres	225,300 »	»
»	Saint-Jean-la-Bussière.	»	Terres. . . .	1,910 »	»
»	Saint-Pierre-la-Palud .	»	Terres, vignes	68,930 »	»
»	Sourcieux	»	»	113,370 »	»
»	Thel	»	Terres . . .	22,015 »	»
»	Tour-de-Salvagny . . .	»	Terres, vignes	65,760 »	»
»	Vaugneray	»	Récoltes div.	13,680 »	»
14 Juin .	St-Martin-de-Cornas.	Grèle et gelée. . .	Vignes. . . .	31,400 »	»
9 Juillet .	Brignais	Grèle.	»	88,020 »	»
»	Chapelle-sur-Coise (la)	»	Terres . . .	17,885 »	»
»	Chambost-Longessaign	»	Récoltes div.	13,093 »	»
»	Coise.	»	Terres . . .	12,810 »	»
»	Irigny	»	Vignes. . . .	5,290 »	»
»	Larajasse.	»	Récoltes div.	115,625 »	»
»	Messimy	»	Terres, vignes	60,690 »	»
»	Orliénas	»	»	57,080 »	»
»	Oullins.	»	»	32,490 »	»
»	Rontalon	»	Récoltes div.	117,090 »	»
»	Saint-André-la-Côte .	»	Terres, vignes	9,610 »	»
»	Saint-Genis-Laval . . .	»	»	38,140 »	»
»	St-Martin-en-Haut . .	»	Récoltes div.	87,365 »	»
»	Soucieux-en-Jarret . .	»	Récoltes div.	204,210 »	»
»	Thurins	»	Récoltes div.	101,885 »	»
18 Juillet	Echallas	»	Terres, vignes	14,170 »	»
»	Givors	»	Vignes. . . .	14,860 »	»
»	St-Didier-sur-Riverie .	»	Récoltes div.	12,780 »	»
»	St-Maurice-s.-Dargoire.	»	Vignes. . . .	905 »	»
17 Août .	Fleurié	»	»	24,435 »	»
14 Sept. .	Denicé	»	»	39,100 »	»
»	Montmelas	»	»	56,680 »	»
»	Rivolet	»	»	59,050 »	»
»	Saint-Julien	»	»	55,250 »	»

ÉPOQUES	COMMUNES	INTEMPÉRIES	SORTES DE RÉCOLTES PERDUES	VALEURS DES RÉCOLTES PERDUES	SOMMES ACCORDÉES EN REMISE OU MODÉRATION
				FR. C.	FR. C.
Suite de 1860 26 Sept .	Ampuis.	Grèle.	Vignes. . .	22,815 »	Auc. som. désig.
»	Condrieu.	»	»	149,190 »	»
»	Tupin-Semons.	»	»	98,580 »	»
1861 29 Mai. .	Blacé.	Grèle et pluie. . .	Vignes. . .	31,076 »	»
»	Chiroubles	Grèle.	»	120,739 »	»
»	Fleurié.	»	»	133,210 »	»
»	Longes.	»	»	17,860 »	»
»	Villié.	»	»	42,678 »	»
9 Juin. .	Chassagny	Grèle, orage, gelée.	»	40,210 »	»
»	Montagny.	Grèle.	»	52,550 »	»
»	St-Andéol-le-Château .	»	»	31,280 »	»
»	Taluyers	»	Terres, vignes	18.910 »	»
18 Juin .	Vaux.	»	Vignes. . . .	13,362 »	»
»	St-Laurent-d'Oingt . .	»	»	35,530 »	»
28 Juin .	Pommiers.	Grèle et gelée . . .	»	122,060 »	»
»	Rivolet.	Grèle.	»	3,470 »	»
5 Juille .	Vaux.	»	»	S. réunie au 18 Juin	»
»	St-Laurent-d'Oingt .	»	»	» »	»
»	Rivolet	»	»	» 28 Juin	»
6 Juillet .	Brindas.	»	»	154,120 »	»
»	Cailloux-sur-Fontaines.	»	»	85,530 »	»
»	Chaponost	Grèle et gelée. . .	Terres, vignes	28,480 »	»
»	Colonges	Grèle.	Vignes. . . .	65,236 »	»
»	Craponne.	»	Terres, vignes	37,175 »	»
»	Couzon.	»	Vignes . . .	45,254 »	»
»	Dardilly	»	»	22,125 »	»
»	Écully	»	»	64,935 »	»
»	Fontaines-St-Martin. .	»	»	36,295 »	»
»	Fontaines-sur-Saône. .	»	»	4,725 »	»
»	Francheville.	»	Terres, vignes	60,925 »	»
»	Grézieux-la-Varenne	»	Terres . . .	43,910 »	»
»	Lyon, 5ᵐᵉ arrondissᵗ .	»	»	7,050 »	»
»	Messimy	»	Vignes . . .	65,840 »	»
»	Rochetaillée.	»	»	13,655 »	»
»	Rontalon	»	Récoltes div.	110,730 »	»
»	St-André-la-Côte. . . .	»	»	34,860 »	»
»	Ste-Catherine-s.-Riverie	»	»	17,940 »	»
»	St-Cyr-au-Mont-d'Or. .	»	Vignes. . . .	126,170 »	»
»	St-Didier-au-Mont-d'Or	»	»	104,655 »	»
»	St-Genis-les-Ollières. .	»	»	30,100 »	»
»	St-Laurent-d'Oingt . .	»	»	S. réunie au 18 Juin	»
»	Vaugneray	»	»	34,485 »	»
»	St-Martin-en-Haut. . .	»	Récoltes div.	15,805 »	»
»	Saint-Rambert	»	Vignes . . .	4,425 »	»
»	St-Romain-au-Mt-d'Or .	»	»	76,872 »	»
»	Soucieux-en-Jarret . .	»	Terres, vignes	61,070 »	»
»	Tassin	»	»	50,176 »	»

ÉPOQUES	COMMUNES	INTEMPÉRIES	SORTES DE RÉCOLTES PERDUES	VALEURS DES RÉCOLTES PERDUES	SOMMES ACCORDÉES EN REMISE OU MODÉRATION
Suite de 1861				FR. C.	FR. C.
6 Juillet.	Thurins.	Grêle.	Terres, vignes	161,490 »	Auc. som. désig.
»	Vaux.	»	Vignes. . . .	S. réunie au 18 Juin	»
1862					
15 Avril.	Bourg-de-Thizy. . .	Grêle.	Terres . .	6,040 »	»
16 Avril.	Bourg-de-Thizy. . . .	»	»	S. réunie au 15 Avri	»
20 Mai. .	St-Nizier-d'Azergues. .	»	»	1,860 »	»
24 Mai .	Ste-Catherine-s.-Riverie	»	»	6,050 »	»
»	Thel	»	Récoltes div.	2,966 »	»
3 Juin. .	Fleurieux-s.-l'Arbresle.	»	Terres, vignes	100,475 »	»
8 Juin. .	Savigny.	»	Terres . . .	31,920 »	»
17 Juin	Chassagny	Grêle et orage . .	Terres, vignes	45,650 »	»
27 Juin .	Brulliolles	Grêle.	»	11,370 »	»
8 Juillet	Létra.	»	»	26,520 »	»
»	Oingt.	Grêle et orage. . .	Vignes. . . .	34,375 »	»
»	St-Laurent-d'Oingt. .	Grêle.	»	35,145 »	»
»	St-Appolinaire	»	Terres . . .	3,705 »	»
6 Sept. .	St-Maurice-s.-Dargoire.	»	Vignes. . . .	32,910 »	»
1863					
15 Avril.	Chassagny	Grêle et orage. . .	Vignes. . .	38,000 »	»
»	Montagny.	Grêle.	»	47,600 »	»
21 Avril.	Quincieux	»	»	10,620 »	»
29 Avril.	Alix	»	»	24,287 30	»
»	Dareizé.	»	Terres . . .	120 »	»
»	Lamure.	Grêle.	Terres, vignes	27,780 »	»
»	Saint-Forgeux. . . .	»	Terres. . . .	3,700 »	»
»	Saint-Loup	»	»	23,400 »	»
»	Ville-sur-Jarnioux. . .	»	»	16,360 »	»
14 Mai. .	Couzon.	»	Vignes. . . .	26,292 »	»
10 Juin	St-Cyr-sur-Rhône . . .	»	Terres, vignes	21,085 »	»
»	St-Romain-en-Gal . . .	»	»	33,455 »	»
3 Juillet .	Charbonnières	»	Vignes, blés.	14,105 »	»
»	Marcy et Ste-Consorce	»	»	22,130 »	»
22 Juillet	Tour-de-Salvagny . . .	»	Vignes. . . .	560 »	»
23 Juillet	Chapelle (la)	»	Blés.	8,621 »	»
»	Duerne.	»	»	4,257 »	»
»	Larajasse.	»	Terres . . .	10,270 »	»
»	St-Martin-en-Haut. . .	»	Blés.	22,210 »	»

ÉPOQUES	COMMUNES	INTEMPÉRIES	SORTES DE RÉCOLTES PERDUES	VALEURS DES RÉCOLTES PERDUES	SOMMES ACCORDÉES EN REMISE OU MODÉRATION
				FR. C.	FR. C.
Suite de 1863					
16 Août .	Arbuissonas	Grêle.	Vignes. . . .	36,875 »	Auc.som.désig.
»	Blacé	»	»	28,930 »	»
»	Cercié	»	»	38,170 »	»
»	Chambost-Allières. . .	»	»	28,150 »	»
»	Chamelet	»	Terres . . .	14,720 »	»
»	Dième	»	»	4,400 »	»
»	Durette.	»	Vignes. . . .	24,990 »	»
»	Grandris	»	Terres, vignes	8,269 »	»
»	Joux	»	Terres. . . .	900 »	»
»	Juliénas	»	Vignes. . . .	5,365 »	»
»	Lancié	»	»	25,820 »	»
»	Lantignié	»	»	102,200 »	»
»	Létra.	»	Terres. . . .	98,630 »	»
»	Marchampt	»	Vignes. . . .	20,790 »	»
»	Montmelas . . , . . .	»	»	1,740 »	»
»	Odenas	»	»	270,410 »	»
»	Quincié.	»	»	189,380 »	»
»	Régnié . . . , ...	»	»	83,945 »	»
»	Rivolet	»	Terres, vignes	22,845 »	»
»	St-Clément-s.-Valsonne.	»	Terres. . . .	35,510 »	»
»	St-Étienne-la-Varenne .	»	Vignes. . . .	166,010 »	»
»	St-Jean-d'Ardière . . .	»	»	34,100 »	»
»	St-Lager	»	»	106,460 »	»
»	Ste-Paule	»	Terres, vignes	11,720 »	»
»	Ternand ·	»	Terres. . . .	30,020 »	»
»	Vaux	»	Vignes . . .	226,870 »	»
»	Villié.	»	»	283,110 »	»
1864					
2 Juin. .	Breuil (le)	Grêle.	Vignes . .	26,125 »	»
»	Chenas	»	»	70,820 »	»
»	Chiroubles	»	»	48,154 »	»
»	Corcelle.	»	»	26,580 »	»
»	Durette.	»	»	23,474 »	»
»	Fleurié	»	»	96,540 »	»
»	Juliénas	»	»	7,224 »	»
»	Lantignié.	»	»	103,574 »	»
»	Quincié.	»	»	138,040 »	»
»	Régnié	»	»	56,132 »	»
3 Juin. .	Bessenay	»	Terres, vignes	8,808 »	»
»	Bibost	»	Vignes, blés.	13,703 »	»
»	Bully	»	Récoltes div.	12,140 »	»
»	St-Julien-s.-Bibost . . .	»	»	3,690 »	»
»	Sarcey	»	Vignes, blés.	57,730 »	»
»	Savigny.	»	»	40,070 »	»
6 Juin. .	Jullié.	»	Vignes. . . .	7,270 »	»
7 Juin . .	Breuil (le)	»	»	S. réunie au 2 Juin.	»
»	Chenas	»	»	» »	»
»	Corcelle	»	»	» »	»
»	Durette.	»	»	» »	»
»	Fleurié	»	»	» »	»

ÉPOQUES	COMMUNES	INTEMPÉRIES	SORTES DE RÉCOLTES PERDUES	VALEURS DES RÉCOLTES PERDUES	SOMMES ACCORDÉES EN REMISE OU MODÉRATION
Suite de 1864				FR. C.	FR. C.
7 Juin. .	Jullié.	Grêle.	Vignes. . . .	» 6 Juin.	Auc.som.désig.
»	Juliénas	»	»	» 2 »	»
»	Lantignié	»	»	» »	»
»	Quincié.	»	»	» »	»
»	St-Jean-d'Ardières . .	»	»	58,410 »	»
»	St-Julien-sur-Bibost . .	»	Récoltes div.	S. réunie au 5 Juin.	»
14 Juin .	Chiroubles	»	Vignes . . .	S. réunie au 2 Juin.	»
»	Vauxrenard.	»	»	6,200 »	»
13 Juillet	Amplepuis . . . , . .	»	Terres . . .	7,080 »	»
»	Bourg-de-Thizy. . . .	»	»	2,086 »	»
»	Chambost.	»	Récoltes div.	14,000 »	»
»	St-Jean-la-Bussière . .	»	Terres. . . .	16,938 »	»
»	St-Just-d'Avray . . .	»	Vignes. . . .	2,981 »	»
»	Valsonne	»	Terres,vignes	5,369 »	»
16 Juillet	Brignais.	»	Vignes. . . .	126,945 »	»
»	Chaponost.	»	»	5,940 »	»
»	Charly	»	»	134,690 »	»
»	Chassagny	»	»	38,910 »	»
»	Chaussan.	»	Récoltes div.	23,850 »	»
»	Echalas	»	Vignes. . . .	29,360 »	»
»	Irigny	»	»	147,996 »	»
»	Longes	»	»	37,685 »	»
»	Millery	»	»	49,830 »	»
»	Montagny	»	»	42,150 »	»
»	Mornant	»	Terres,vignes	187,210 »	»
» 4 à 5 h. s.	Orliénas	»	»	368,260 »	»
»	Rontalon	»	Récoltes div.	12,230 »	»
»	St-Didier-s.-Riverie . .	»	Terres,vignes	111,760 »	»
»	St-Genis-Laval	»	Vignes. . . .	81,805 »	»
»	St-Laurent-d'Agny. . .	»	Terres.vignes	280,250 »	»
»	St-Martin-en-Haut. . .	»	Blés.	16,733 »	»
»	St-Maurice-s.-Dargoire.	»	Terres,vignes	9,220 »	»
»	St-Romain-en-Gier. . .	»	Vignes . . .	9,905 »	»
»	Saint-Sorlin	»	Terres,vignes	31,485 »	»
»	Soucieu-en-Jarret. . .	»	Récoltes div.	288,282 »	»
»	Taluyers	»	Vignes. . . .	102,650 »	»
»	Thurins	»	Terres,vignes	7,040 »	»
»	Vernaison	»	Vignes. . . .	11,330 »	»
»	Vourles.	»	»	234,450 »	»
17 Juillet	Meys.	»	Récoltes div.	2,380 »	»
18 Juillet	Ampuis.	»	Terres,vignes	193,410 »	»
»	Echalas	»	Vignes. . . .	S. réunie au 16 Juill.	»
»	Ecully	»	Récoltes div.	16,790 »	»
»	Eveux	»	Vignes . . .	5,500 »	»
»	Lentilly.	»	Terres,vignes	35,330 »	»
»	St-Cyr-sur-Rhône. . .	»	Vignes. . . .	42,460 »	»
»	St-Didier-au-Mt-d'Or	»	»	17,685 »	»
»	St-Genis-Laval . . .	»	»	S. réunie au 16 Juill.	»

ÉPOQUES	COMMUNES	INTEMPÉRIES	SORTES DE RÉCOLTES PERDUES	VALEURS DES RÉCOLTES PERDUES	SOMMES ACCORDÉES EN REMISE OU MODÉRATION
				FR. C.	FR. C.
Suite de 1864 18 Juillet	Sourcieux.	Grêle.	Terres, vignes	27,641 »	Auc. som. désig.
28 Juillet	Echalas	»	Vignes . . .	S. réunie au 16 juill.	»
»	Loire.	»	»	29,660 »	»
»	St-Martin-de-Cornas. .	Grêle et orage . .	»	29,250 »	»
19 Août.	Curis.	Grêle.	»	16,850 »	»
»	Marchampt	»	»	13,240 »	»
»	Ouroux.	»	Terres, vignes	2,670 »	»
»	Poleymieux.	»	Vignes. . . .	10,920 »	»
»	St-Jacques-des-Arrêts .	»	Terres. . . .	4,165 »	»
»	Saint-Mamert	»	»	3,640 »	»
1865 15 Mai. .	Bron	»	Terres, vignes	87,135 »	»
»	Charly	»	Vignes. . . .	241,570 »	»
»	Chassagny	»	Terres, prés, vignes	53,700 »	»
»	Irigny	»	Vignes. . .	225,386 »	»
»	Longes.	»	Terres, vignes	74,850 »	»
»	Montagny.	»	»	88,900 »	»
»	Mornant	»	Récoltes div.	425,075 »	»
»	Orliénas	»	»	150,360 »	»
»	St-Andéol-le-Château .	»	»	121,925 »	»
»	Saint-Genis-Laval . . .	»	Vignes. . . .	24,950 »	»
»	St-Jean-de-Toulas. . .	»	Récoltes div.	92,715 »	»
»	St-Laurent-d'Agny. . .	»	»	181,550 »	»
»	St-Maurice-s.-Dargoire.	»	»	221,802 »	»
»	St-Martin-de-Cornas. .	»	»	40,800 »	»
»	St-Romain-en-Gier. . .	»	Récoltes div.	21,090 »	»
»	Soucieu-en-Jarret . . .	»	Vignes. . . .	46,940 »	»
»	Taluyers	»	Récoltes div.	135,840 »	»
»	Trèves	»	»	43,910 »	»
»	Venissieux	»	»	117,433 »	»
»	Vernaison.	»	»	35,200 »	»
»	Villeurbanne	»	»	4,640 »	»
»	Vourles.	»	Vignes. . . .	109,045 »	»
16 Mai. .	Arbuissonas	»	»	10,400 »	»
»	Belleville	»	»	23,590 »	»
»	Blacé.	»	»	29,091 »	»
»	Juliénas	»	»	61,014 »	»
»	Lacenas	»	»	46,125 »	»
»	Liergues	»	»	10,500 »	»
»	Salles	»	»	5,435 »	»
»	St-Julien-sur-Bibost .	»	»	1,180 »	»
»	Ville-sur-Jarnioux. . .	»	»	61,620 »	»
21 Mai. .	Millery.	»	»	129,490 »	»
»	Sainte-Colombe	»	Récoltes div.	2,150 »	»
»	St-Cyr-sur-Rhône . . .	»	»	26,380 »	»
»	St-Romain-en-Gier. . .	»	»	48,790 »	»
8 Juillet.	Beaujeu.	»	Vignes . . .	288,125 »	»
»	Blacé.	»	»	S. réunie au 16 Mai	»

7

ÉPOQUES	COMMUNES	INTEMPÉRIES	SORTES DE RÉCOLTES PERDUES	VALEURS DES RÉCOLTES PERDUES		SOMMES ACCORDÉES EN REMISE OU MODÉRATION	
				FR.	C.	FR.	C.
Suite de 1865							
8 Juillet.	Chambost, Allières . .	Grêle.	Récoltes div.	26,300	»	Auc. som. désig.	
»	Chamelet	»	»	23,160	»	»	
»	Chenas.	»	Vignes. . . .	10,487	»	»	
»	Chiroubles	»	Terres, vignes	116,295	»	»	
»	Claveisolles.	»	Récoltes div.	14,180	»	»	
»	Emeringes	»	Vignes. . . .	33,972	»	»	
»	Grandris	»	Récoltes div.	6,685	»	»	
»	Joux	»	»	2,265	»	»	
»	Jullié.	»	Vignes. . . .	3,455	»	»	
»	Juliénas	»	»	. réunie au 16 Mai		»	
»	Lamure	»	Récoltes div.	39,448	»	»	
»	Lantignié.	»	Vignes. . . .	286,650	»	»	
»	Létra.	»	»	2,300	»	»	
»	Marchampt	»	»	212,920	»	»	
»	Montmelas	»	»	400	»	»	
»	Quincié.	»	»	445,150	»	»	
»	Régnié	»	»	54,900	»	»	
»	St-Bonnet-le-Troncy . .	»	Terres . . .	2,576	»	»	
»	St-Clément-s.-Valsonne	»	Récoltes div.	67,365	»	»	
»	St-Didier-s.-Beaujeu. .	»	»	11,490	»	»	
»	Saint-Forgeux . . .	»	»	2,240	»	»	
»	St-Jean-d'Ardières. . .	»	Vignes. . . .	104,260	»	»	
»	St-Just-d'Avray . . .	»	Terres . . .	10,630	»	»	
»	St-Lager	»	Vignes. . . .	97,460	»	»	
»	Saint-Marcel	»	Terres, prés.	3,900	»	»	
»	St-Nizier-d'Azergues. .	»	Récoltes div.	3,857	»	»	
»	Saint-Vérand	»	»	15,214	»	»	
»	Ternand	»	Vignes. . . .	28,030	»	»	
»	Vaux.	»	»	17,800	»	»	
»	Vauxrenard.	»	»	54,900	»	»	
»	Villié.	»	»	116,345	»	»	
9 Juillet.	Chambost-Longessaign.	»	Récoltes div.	1,095	»	»	
»	Chaussan.	»	»	25,615	»	»	
»	Coise.	»	»	6,920	»	»	
»	Condrieu	»	Terres, vignes	84,850	»	»	
»	Ecully	»	Vignes. . . .	3,130	»	»	
»	Hayes (les)	»	Récoltes div.	12,460	»	»	
»	St-André-la-Côte. . .	»	Terres . . .	17,020	»	»	
»	Saint-Julien.	»	Vignes. . . .	800	»	»	
»	St-Laurent-de-Vaux . .	»	Récoltes div.	3,570	»	»	
»	St-Martin-en-Haut. . .	»	Froment. . .	5,430	»	»	
»	Thurins.	»	Vignes. . . .	33,115	»	»	
»	Tupin-Semons	»	»	31,200	»	»	
»	Villechenève	»	Récoltes div.	5,350	»	»	
»	Yzeron	»	»	4,730	»	»	
15 Juillet	Lyon (3ᵉ arrondissem.)	»	Terres . . .	14,730	»	»	
13 Août .	Ste-Paule.	Grêle, trombe d'eau	»	2,850	»	»	
21 Août .	Ste-Paule.	»	»	S. réunie au 16 Août		»	

ÉPOQUES	COMMUNES	INTEMPÉRIES	SORTES DE RÉCOLTES PERDUES	VALEURS DES RÉCOLTES PERDUES		SOMMES ACCORDÉES EN REMISE OU MODÉRATION	
Suite de 1865				FR.	C.	FR.	C.
8 Sept.	Ardillats (les).	Grêle.	Récoltes div.	9,255	»	Auc. som. désig.	
»	Saint-Forgeux.	»	»	3,300	»	»	
»	St-Didier-s.-Beaujeu .	»	»	S. réunie au 8 Juill.		»	
1866						»	
27 Mai .	Bourg-de-Thizy. . . .	Grêle.	Terres, vignes	6,510	»	»	
»	Dième	»	Récoltes div.	4,220	»	»	
»	Grandris	»	»	13,790	»	»	
»	Joux	»	»	5,100	»	»	
»	Lamure.	»	Terres, vignes	79,690	»	»	
»	Létra.	»	Vignes. . . .	81,820	»	»	
»	Mornant	»	Récoltes div.	1,835	»	»	
»	St-Just-d'Avray. . . .	»	Vignes, blés.	2,960	»	»	
»	St-Nizier-d'Azergues.	»	Terres . . .	10,275	»	»	
»	Ste-Paule.	»	Vignes. . . .	11,640	»	»	
»	Valsonne	»	Terres, vignes	6,330	»	»	
						»	
28 Mai. .	Dième	»	Récoltes div.	S. réunie au 27 Mai		»	
»	Grandris	»	»	»	»	»	
»	Joux	»	»	»	»	»	
»	Lamure	»	Terres, vignes	»	»	»	
»	Létra.	»	Vignes. . . .	»	»	»	
»	St-Nizier-d'Azergues. .	»	Terres . . .	»	»	»	
»	Sainte-Paule	»	Vignes. . . .	»	»	»	
»	Valsonne.	»	Terres, vignes	»	»	»	
						»	
31 Mai. .	Bourg-de-Thizy . . .	»	Terres, vignes	»	»	»	
»	Mornant	»	Récoltes div	»	»	»	
»	St-Just-d'Avray	»	Terres, blés	»	»	»	
						»	
4 Juin. .	Bourg-de-Thizy . . .	»	Terres, vignes	»	»	»	
»	Mornant	»	Récoltes div.	»	»	»	
»	Saint-Just-d'Avray . .	»	Vignes, blés.	»	»	»	
						»	
24 Juin .	Cenves	»	Récoltes div.	5,270	»	»	
»	Cublize.	»	»	11,560	»	»	
»	Ouroux.	»	»	4,390	»	»	
»	Poule.	»	»	8,010	»	»	
»	Ranchal	»	»	4,320	»	»	
»	St-Jacques-des-Arrêts.	»	»	6,079	»	»	
»	Saint-Mamert.	»	Terres, prés	1,140	»	»	
»	Trades.	»	Récoltes div.	8,833	»	»	
						»	
25 Juin .	Cublize. . . . . , . .	»	»	S. réunie au 24 Ju.n.		»	
»	Ouroux.	»	»	»	»	»	
»	Poule, ...	»	»	»	»	»	
»	St-Jacques-des-Arrêts.	»	»	»	»	»	
»	Saint-Mamert	»	Terres, prés.	»	»	»	
»	Trades	»	Récoltes div.	»	»	»	
						»	
26 Juin	Cenves.	»	»	»	»	»	
»	Ranchal	»	»	»	»	»	
						»	
29 Juin	Chassagny	»	Terres, vign	37,510	»	»	

ÉPOQUES	COMMUNES	INTEMPÉRIES	SORTES DE RÉCOLTES PERDUES	VALEURS DES RÉCOLTES PERDUES		SOMMES ACCORDÉES EN REMISE OU MODÉRATION
Suite de 1860				FR.	C.	FR. C.
29 Juin	Cenves	Grêle	Récoltes div.	S. réunie au 24 Juin.		Auc. som. désig.
»	Cublize.	»	Blés, avoines.	»	»	»
»	Courzieux	»	Terres, vignes	725	»	»
»	Hayes (les)	»	Récoltes div.	11,040	»	»
»	Ouroux.	»	»	S. réunie au 24 Juin		»
»	Poule.	»	»	»	»	»
»	Ranchal	»	»	»	»	»
»	St-Jacques-des-Arrêts.	»	»	»	»	»
»	Saint-Mamert	»	Terres, prés.	»	»	»
»	St-Martin-de-Cornas .	»	Vignes . . .	19,460	»	»
»	Trades	»	Récoltes div.	S. réunie au 24 Juin.		»
30 Juin	Cenves	»	»	»	»	»
»	Chamelet	»	Vignes. . . .	12,290	»	»
»	Cublize.	»	Récoltes div.	S. réunie au 24 Juin.		»
»	Ouroux.	»	»	»	»	»
»	Poule.	»	»	»	»	»
»	Ranchal	»	»	»	»	»
»	St-Bonnet-le-Troncy .	»	»	8,910	»	»
»	St-Jacques-des-Arrêts .	»	»	S. réunie au 24 Jui.		»
»	Saint-Mamert	»	»	»	»	»
»	St-Martin-en-Haut. .	»	Blés, avoines.	3,640	»	»
»	Trades	»	Récoltes div.	S. réunie au 24 Jui		»
»	Thurins	»	Terres . . .	550	»	»
25 Juillet	Oingt.	»	Vignes. . . .	17,350	»	»
20 Août	Ribost	»	»	4,855	»	»
»	Brullioles	»	»	7,670	»	»
»	Chevinay.	»	Terres, vignes	2,350	»	»
»	Courzieux	»	Vignes. . . .	7,140	»	»
»	Montromant.	»	»	3,475	»	»
»	Savigny	»	»	5,350	»	»
»	St-Genis-l'Argentière	»	»	7,600	»	»
»	Thurins	»	Terres. . .	S. réunie au 30 Juin		»
»	Vaugneray	»	Vignes. . . .	13,605	»	»
»	Yzeron	»	Récoltes div.	3,455	»	»

N° II

___

DATES DES ORAGES A GRÊLES

DE 1824 A 1866 INCLUS

ÉPROUVÉS PAR LES COMMUNES DU DÉPARTEMENT DU RHONE

Classées suivant l'ordre alphabétique

		TOTAUX
1 Affoux.		
1834.	26 Août.	
1854.	Sans date.	
1855.	10 Septembre.	3
2 Aigueperse.		
1842.	21 Juin.	
1842.	22 Juin.	
1844.	30 Juin.	3
3 Albigny.		
1824.	10 Juillet.	
1828.	6 Mai.	
1838.	4 Juin.	
1839.	9 Juillet.	
1839.	16 Septembre.	
1841.	6 Mai.	
1841.	2 Octobre.	
1842.	11 Juin.	
1842.	5 Juillet.	
1842.	6 Août.	
1845.	23 Juillet.	
1849.	Juin.	
1850.	23 Août.	
1854.	11 Juillet.	14
4 Alix.		
1844.	18 Septembre.	
1851.	14 Août.	
1863.	29 Avril.	
1863.	30 Avril.	4
5 Ambérieux.		
1824.	10 Juillet.	
1828.	6 Juillet.	2
	À REPORTER. .	26

REPORT. .		26
6 Amplepuis.		
1854.	31 Juillet.	
1860.	3 Juin.	
1864.	13 Juillet.	3
7 Ampuis.		
1819.	Sans date.	
1822.	Sans date.	
1823.	Sans date.	
1828.	13 Septembre.	
1830.	16 Juillet. 6 h. s.	
1840.	7 Août.	
1842.	29 Juillet.	
1844.	4 Juillet.	
1845.	25 Juillet.	
1849.	Automne.	
1850.	1er Juin.	
1851.	5 Juillet.	
1851.	14 Août.	
1856.	24 Mai.	
1857.	21 Juillet.	
1857.	1er Septembre.	
1860.	26 Septembre.	
1864.	18 Juillet.	18
8 Ancy.		
1848.	3 Août.	
1848.	14 Août.	
1850.	1er Juin.	
1851.	17 Août.	
1858.	23 Mai.	5
	À REPORTER. .	52

REPORT. .   52   REPORT. .   86

9 Anse.

1824.	18 Juillet.	
1835.	10 Juillet.	
1844.	18 Septembre.	
1858.	23 Mai.	4

10 Arbresle (l').

1810.	Sans date.	
1836.	14 Août.	
1840.	25 Août.	
1842.	29 Août.	
1845.	28 Juillet, 4 h. s.	5

11 Arbuissonas.

1823.	Sans date.	
1824.	du 31 Juillet au	
	1er Août.	
1828.	17 Juin, 4 h. s.	
1834.	30 Juillet.	
1842.	Sans date.	
1865.	16 Mai.	6

12 Ardillats (les).

1826.	20 Août.	
1834.	Sans date.	
1851.	4 Juin.	
1860.	3 Juin.	
1865.	8 Septembre.	5

13 Arnas.

1828.	21 Mai.	
1854.	31 Juillet.	2

14 Aveize.

1822.	Sans date.	
1835.	Sans date.	
1844.	18 Juin.	
1851.	14 Août.	
1856.	Du 10 au 11 Juin.	5

15 Avenas.

1826.	15 Juillet.	
1828.	15 Juin.	
1834.	2 Août.	
1834.	20 Août.	
1842.	21 Juin.	
1842.	22 Juin.	
1851.	7 Août.	7

A REPORTER. .   86

16 Azolette.

1824.	31 Mai.	
1833.	14 Août.	
1833.	2 Septembre.	
1835.	9 Juin.	
1842.	21 Juin.	
1842.	22 Juin.	
1851.	17 Août.	
1859.	28 Septembre.	
1860.	3 Juin.	9

17 Bagnols.

1835.	10 Juillet.	
1844.	18 Septembre.	2

18 Beaujeu.

1826.	4 Juillet.	
1834.	24 Mai.	
1834.	26 Juin.	
1834.	17 Juillet.	
1845.	14 Juin.	
1848.	27 Mai.	
1850.	1er Août.	
1851.	7 Août.	
1851.	17 Août.	
1855.	10 Septembre.	
1856.	21 Août.	
1859.	8 Juin.	
1865.	8 Juillet.	13

19 Belleville-sur-Saône.

1851.	17 Août.	
1865.	16 Mai.	2

20 Belmont.

1854.	1er Août.	1

21 Bessenay.

1824.	10 Juillet.	
1827.	22 Août.	
1834.	4 Juillet.	
1838.	31 Mai.	
1842.	29 Juillet.	
1848.	3 Août.	
1848.	5 Septembre.	
1851.	1er Juillet.	
1859.	21 Juillet.	
1860.	3 Juin.	
1864.	5 Juin.	11

A REPORTER. .   124

REPORT. . 124 | REPORT. . 163

22 Bibost.

1819.	. . . .	Sans date.
1821.	. . . .	Sans date.
1824.	. . . .	10 Juillet.
1828.	. . . .	14 Septembre.
1828.	. . . .	15 Septembre.
1834.	. . . .	2 Août.
1838.	. . . .	31 Mai.
1841.	. . . .	28 Mai.
1841.	. . . .	21 Juin.
1841.	. . . .	22 Juin.
1842.	. . . .	29 Juillet.
1845.	. . . .	23 Juillet,
1854.	. . . .	1er Août.
1859.	. . . .	21 Juillet.
1864.	. . . .	5 Juin.
1866.	. . . .	20 Août.	16

23 Blacé.

1823.	. . . .	Sans date.
1854.	. , . .	31 Juillet.
1860.	. . . .	29 Juin.
1863.	. . . ,	16 Août.
1865.	. . . .	16 Mai.
1865.	. . . .	8 Juillet.	6

24 Bois-d'Oingt.

1828.	. . . .	6 Juillet.
1835.	. . . .	10 Juillet.
1835.	. . . .	28 Août.
1844.	. . . .	18 Septembre.	4

25 Bourg-de-Thizy.

1854.	. . . .	1er Août.
1862.	. . . .	15 Avril.
1862.	. . . .	16 Avril.
1864.	. . . .	13 Juillet.
1866.	. . . .	27 Mai.
1866.	. . . .	31 Mai.
1866.	. . . .	4 Juin.	7

26 Breuil (le).

1828.	. . . .	6 Juillet.
1851.	. . . .	14 Août.
1858.	. . . .	10 Mai.
1858.	. . . .	23 Mai.
1864.	. . . .	2 Juin.
1864.	. . . .	7 Juin.	6

27 Brignais.

| 1819. | . . . . | Sans date. |
| 1822. | . . . . | Sans date. |

1823.	. . . .	13 Août.
1824.	. . . .	13 Août.
1839.	. . . .	16 Août.
1839.	. . . .	16 Septembre.
1840.	. . . .	8 Août.
1840.	. . . .	14 Août.
1840.	. . . .	24 Août.
1848.	. . . .	3 Août.
1859.	. . . .	25 Avril.
1861.	. . . .	9 Juillet.
1864.	. . . .	16 Juillet.	13

28 Brindas.

1839.	. . . .	12 Mai.
1842.	. . . .	6 Août.
1848.	. . . .	3 Août.
1850.	. . . .	23 Août.
1851.	. . . .	14 Août.
1858.	. . . .	27 Juillet.
1861.	. . . .	6 Juillet.	7

29 Bron.

| 1865. | . . . . | 15 Mai. | 1 |

30 Brullioles.

1819.	. . . .	Sans date.
1823.	. . . .	Sans date.
1824.	. . . ,	10 Juillet.
1838.	. . . .	6 Juin.
1839.	. . . .	1er Mai.
1840.	. . . .	16 Mai.
1840.	. . . .	17 Mai.
1840.	. . . .	19 Mai.
1841.	. . . .	21 Juin.
1841.	. . . .	22 Juin.
1842.	. . . .	29 Juillet.
1848.	. . . .	3 Août.
1848.	. . . .	8 Septembre.
1850.	. . . .	2 Octobre.
1851.	. . . .	1er Juillet.
1854.	. . . .	1er Août.
1858.	. . . .	11 Août.
1859.	. . . .	25 Avril.
1859.	. . . .	21 Juillet.
1859.	. . . .	4 Septembre.
1860.	. . . .	3 Juin.
1861.	. . . .	27 Juin.
1866.	. . . .	20 Août.	23

31 Brussieux.

| 1819. | . . . . | Sans date. |
| 1824. | . . . . | 10 Juillet. |

A REPORTER. . 163 | A REPORTER. . 207

REPORT. . 207 | REPORT. . 282

1824.	. . . .	18 Juillet.
1833.	. . . .	24 Mai.
1834.	. . . .	4 Juillet.
1838.	. . . .	31 Mai.
1840.	. . . .	14 Mai.
1840.	. . . .	17 Mai.
1840.	. . . .	19 Mai.
1841.	. . . .	2 Octobre.
1848.	. . . .	3 Août.
1848.	. . . .	8 Septembre.
1850.	. . . .	21 Juin.
1850.	. . . .	4 Août.
1855.	. . . .	11 Août.
1859.	. . . .	25 Avril.
1859.	. . . .	21 Juillet.
1860.	. . . .	3 Juin.	18

32 Bully.

1828.	. . . .	6 Juillet.
1839.	. . . .	Sans date.
1840.	. . . .	30 Août.
1841.	. . . .	21 Juin.
1841.	. . . .	22 Juin.
1845.	. . . .	23 Juillet.
1850.	. . . .	28 Juin.
1854.	. . . .	1er Août.
1858.	. . . .	11 Août.
1859.	. . . .	21 Juillet.
1864.	. . . .	5 Juin.	11

33 Cailloux-sur-Fontaines.

| 1854. | . . . . | 11 Juillet. |
| 1861. | . . . . | 6 Juillet. | 2 |

34 Caluire.

1844.	. . . .	24 Juin.
1854.	. . . .	11 Juillet.
1857.	. . . .	17 Septembre.	3

35 Cenves.

1834.	. . . .	1er Août.
1834.	. . . .	6 Août.
1842.	. . . .	21 Juin.
1842.	. . . .	22 Juin.
1850.	. . . .	28 Juin.
1850.	. . . .	29 Juin.
1858.	. . . .	8 Août.
1866.	. . . .	24 Juin.
1866.	. . . .	26 Juin.
1866.	. . . .	29 Juin.
1866.	. . . .	30 Juin.	11

36 Cerclé.

1842.	. . . .	22 Juin.
1851.	. . . .	7 Août
1855.	. . . .	16 Juillet.
1857.	. . . .	25 Avril.
1857.	. . . .	26 Avril.
1863.	. . . .	16 Août.	6

37 Chambost-Allières.

1819.	. . . .	Sans date.
1822.	. . . .	Sans date.
1824.	. . . .	18 Juillet.
1834.	. . . .	8 Juillet.
1841.	. . . .	28 Mai.
1842.	. . . .	10 Juin.
1851.	. . . .	17 Août.
1854.	. . . .	31 Juillet.
1855.	. . . .	13 Juin.
1855.	. . . .	30 Juin.
1858.	. . . .	23 Mai.
1859.	. . . .	24 Mai.
1859.	. . . .	29 Août.
1860.	. . . .	9 Juillet.
1862.	. . . .	23 Juillet.
1864.	. . . .	13 Juillet.	16

38 Chambost-Longessaigne.

| 1855. | . . . . | 8 Juillet. |
| 1859. | . . . . | 9 Juillet. | 2 |

39 Chamelet.

1828.	. . . .	2 Septembre.
1850.	. . . .	31 Mai.
1850.	. . . .	12 Juin.
1855.	. . . .	3 Juin.
1863.	. . . .	23 Juillet.
1865.	. . . .	8 Juillet.
1866.	. . . .	30 Juin.	7

40 Chapelle-de-Mardore (la).

| 1851. | . . . . | 2 Juin. |
| 1863. | . . . . | 23 Juillet. | 2 |

41 Chapelle-en-Vaudragon.

| 1819. | . . . . | Sans date. |
| 1822. | . . . . | Sans date. | 2 |

42 Chapelle-sur-Coise.

| 1860. | . . . . | 9 Juillet. | 1 |

43 Chaponost.

| 1842. | . . . . | 29 Juillet. |
| 1843. | . . . . | 12 Avril. |

A REPORTER. . 252 | A REPORTER. . 288

REPORT. .	288	

1843.	. . . .	13 Avril.	
1848.	. . . .	20 Juillet.	
1848.	. . . .	3 Août.	
1851.	. . . .	29 Juillet.	
1851.	. . . .	14 Août.	
1859.	. . . .	25 Avril.	
1861.	. . . .	6 Juillet.	
1864.	. . . .	16 Juillet.	10

44 Charbonnières.

1819.	. . . .	Sans date.	
1840.	. . . .	26 Août.	
1842.	. . . .	29 Juillet.	
1850.	. . . .	23 Août.	
1854.	. . . .	11 Juillet.	
1863.	. . . .	3 Juillet.	6

45 Charentay.

1823.	. . . .	Sans date.	
1824.	. . . .	1er Août.	
1828.	. . . .	17 Juin.	
1842.	. . . .	— Juin.	
1851.	. . . .	23 Juillet.	5

46 Charly.

1824.	. . . .	13 Août.	
1839.	. . . .	16 Août;	
1842.	. . . .	21 Juin.	
1848.	. . . .	3 Août.	
1859.	. . . .	25 Avril.	
1864.	. . . .	16 Juillet.	
1865.	. . . .	15 Mai.	7

47 Charnay.

1842.	. . . .	6 Août.	
1844.	. . . .	18 Septembre.	
1851.	. . . .	Sans date.	3

48 Chassagny.

1819.	. . . .	Sans date.	
1824.	. . . .	13 Août.	
1838.	. . . .	Sans date.	
1839.	. . . .	Sans date.	
1840.	. . . .	22 Juin.	
1841.	. . . .	15 Juin.	
1841.	. . . .	30 Juin.	
1842.	. . . .	21 Juin.	
1844.	. . . .	Sans date.	
1848.	. . . .	3 Août.	
1856.	. . . .	Sans date.	
1859.	. . . .	21 Juillet.	
1861.	. . . .	9 Juin.	
1862.	. . . .	17 Juin.	
1863.	. . . .	15 Avril.	

A REPORTER. .	319	

REPORT. .	319	

1864.	. . . .	16 Juillet.	
1865.	. . . .	15 Mai.	
1866.	. . . .	29 Juin.	18

49 Chasselay.

1824.	. . . .	10 Juillet.	
1824.	. . . .	18 Juillet.	
1845.	. . . .	23 Juillet.	
1848.	. . . .	15 Août.	
1854.	. . . .	1er Août.	
1860.	. . . .	3 Juin.	6

50 Chatillon-d'Azergues.

1842.	. . . .	6 Août.	
1844.	. . . .	18 Septembre.	
1854.	. . . .	1er Août.	
1857.	. . . .	— Mai.	4

51 Chaussan.

1819.	. . . .	Sans date.	
1822.	. . . .	Sans date.	
1823.	. . . .	Sans date.	
1824.	. . . .	13 Août.	
1826.	. . . .	2 Juin.	
1834.	. . . .	25 Juillet.	
1834.	. . . .	26 Juillet.	
1834.	. . . .	1er Août.	
1835.	. . . .	12 Juin.	
1839.	. . . .	Sans date.	
1842.	. . . .	21 Juin.	
1848.	. . . .	3 Août.	
1850.	. . . .	23 Août.	
1850.	. . . .	2 Octobre.	
1851.	. . . .	1er Juillet.	
1851.	. . . .	14 Août.	
1857.	. . . .	1er Septembre.	
1858.	. . . .	27 Juillet.	
1864.	. . . .	16 Juillet.	
1865.	. . . .	9 Juillet.	20

52 Chazay-d'Azergues. 0

53 Chenas.

1855.	. . . .	23 Juillet.	
»	. . . .	10 Septembre.	
1856.	. . . .	16 Août.	
»	. . . .	18 Août.	
»	. . . .	21 Août.	
1859.	. . . .	22 Mai.	
»	. . . .	20 Juillet.	
1864.	. . . .	2 Juin.	
»	. . . .	7 Juin.	
1865.	. . . .	8 Juillet.	10

A REPORTER. .	377	

8

54 Chonelette.

| 1860. | . . . . | 3 Juin. | 1 |

55 Chères (les).

1819.	. . .	Sans date.	
1834.	. . .	6 Juillet.	
1845.	. . .	23 Juillet.	
1854.	. . .	1er Août.	
1860.	. . .	3 Juin.	5

56 Chessy.

1823.	. . .	Sans date.	
1828.	. . .	6 Juillet.	
1851.	. . .	14 Août.	
1858.	. . .	10 Mai.	
1858.	. . .	23 Mai.	5

57 Chevinay.

1819.	. . .	Sans date.	
1822.	. . .	Sans date.	
1824.	. . .	10 Juillet.	
1833.	. . .	31 Mai.	
1833.	. . .	8 Juillet.	
1834.	. . .	4 Juillet.	
1838.	. . .	31 Mai.	
1840.	. . .	13 Juillet.	
1841.	. . .	2 Octobre.	
1842.	. . .	29 Juillet.	
1848.	. . .	8 Septembre.	
1851.	. . .	4 Juillet.	
1860.	. . .	3 Juin.	
1866.	. . .	20 Août.	14

58 Chiroubles.

1822.	. . .	Sans date.	
1838.	. . .	30 Mai.	
1842.	. . .	8 Septembre.	
1844.	. . .	10 Septembre.	
1850.	. . .	1er Août.	
1851.	. . .	7 Août.	
1851.	. . .	17 Août.	
1856.	. . .	16 Août.	
1856.	. . .	18 Août.	
1856.	. . .	21 Août.	
1861.	. . .	29 Mai.	
1864.	. . .	2 Juin.	
1864.	. . .	14 Juin.	
1865.	. . .	8 Juillet.	14

59 Civrieux-d'Azergues.

1819.	. . .	Sans date.	
1822.	. . .	Sans date.	
1824.	. . .	10 Juillet.	

A REPORTER. .   416

| 1845. | . . . . | 23 Juillet. | |
| 1860. | . . . . | 3 Juin. | 5 |

60 Claveisolles.

1824.	. . .	13 Août.	
1834.	. . .	1er Août.	
1855.	. . .	16 Juillet.	
1855.	. . .	10 Septembre.	
1856.	. . .	16 Août.	
1856.	. . .	18 Août.	
1856.	. . .	21 Août.	
1859.	. . .	8 Juin.	
1865.	. . .	8 Juillet.	9

61 Cogny.

1828.	. . .	9 Août.	
1834.	. . .	30 Juillet.	
1851.	. . .	17 Août.	3

62 Coise.

1823.	. . .	Sans date.	
1834.	. . .	Sans date.	
1839.	. . .	2 Juin.	
1850.	. . .	24 Juin.	
1856.	. . .	10 Juin.	
1860.	. . .	9 Juillet.	
1865.	. . .	9 Juillet.	7

63 Collonges.

1838.	. . .	Sans date.	
1840.	. . .	24 Août.	
1841.	. . .	Du 2 au 3 Octobre.	
1842.	. . .	29 Juillet.	
1844.	. . .	25 Juin.	
1850.	. . .	23 Août.	
1851.	. . .	14 Août.	
1854.	. . .	11 Juillet.	
1861.	. . .	6 Juillet.	9

64 Condrieu.

1819.	. . .	Sans date.	
1822.	. . .	Sans date.	
1823.	. . .	Sans date.	
1830.	. . .	Sans date.	
1835.	. . .	8 Juin.	
1835.	. . .	27 Juillet.	
1838.	. . .	30 Mai.	
1851.	. . .	5 Juillet.	
1857.	. . .	21 Juillet.	
1857.	. . .	1er Septembre.	
1860.	. . .	26 Septembre.	
1865.	. . .	9 Juillet.	12

A REPORTER. .   461

REPORT. .	461	

REPORT. .	501	

65 Corcelle.

1824.	13 Août.	
1828.	17 Juin.	
1830.	Sans date.	
1842.	22 Juin.	
1855.	16 Juillet.	
1864.	2 Juin.	
1864.	7 Juin.	7

66 Cours.

1822.	Sans date.	
1838.	30 Mai.	
1860.	3 Juin.	3

67 Courzieu.

1822.	Sans date.	
1824.	10 Juillet.	
1833.	28 Mai.	
1833.	10 Juillet.	
1834.	4 Juillet.	
1835.	Sans date.	
1840.	21 Juillet.	
1840.	24 Août.	
1841.	2 Octobre.	
1843.	Sans date.	
1848.	8 Septembre.	
1850.	6 Août.	
1859.	12 Juin.	
1860.	3 Juin.	
1866.	29 Juin.	
1866.	20 Août.	16

68 Couzon.

1823.	Sans date.	
1828.	6 Mai.	
1834.	27 Août.	
1839.	16 Septembre.	
1841.	2 Octobre.	
1841.	3 Octobre.	
1850.	23 Août.	
1854.	11 Juillet.	
1856.	Sans date.	
1857.	30 Juin.	
1859.	4 Septembre.	
1860.	3 Juin.	
1861.	6 Juillet.	
1863.	14 Mai.	14

69 Craponne.

1839.	16 Septembre.	
1842.	29 Juillet.	
1850.	23 Août.	
1851.	14 Août.	

A REPORTER. .	501	

1858.	27 Juillet.	
1861.	6 Juillet.	6

70 Cublize.

1838.	6 Mai.	
1838.	30 Mai.	
1851.	3 Juin.	
1866.	24 Juin.	
1866.	25 Juin.	
1866.	29 Juin.	
1866.	30 Juin.	7

71 Curis.

1819.	16 Juillet.	
1826.	5 Août.	
1826.	6 Août.	
1834.	27 Août.	
1838.	4 Juin.	
1839.	9 Juillet.	
1844.	18 Septembre.	
1845.	23 Juillet.	
1848.	14 Août.	
1850.	23 Août.	
1854.	11 Juillet.	
1864.	19 Août.	12

72 Dardilly.

1840.	25 Août. 5h. s.	
1842.	29 Juillet.	
1850.	9 Mai.	
1854.	11 Juillet.	
1860.	3 Juin.	
1861.	6 Juillet.	6

73 Dareizé.

1822.	Sans date.	
1828.	6 Juillet.	
1830.	16 Juillet.	
1834.	25 Juillet.	
1835.	10 Juin.	
1863.	29 Avril.	
1863.	30 Avril.	7

74 Denicé.

1834.	30 Juillet.	
1851.	17 Août.	
1860.	14 Septembre.	3

75 Dième.

1822.	Sans date.	
1851.	17 Août.	
1863.	16 Août.	
1865.	27 Mai.	

A REPORTER. .	542	

REPORT. . 542   REPORT. . 579

1865. . . . . 28 Mai.   5

76 Dommartin.

1819. . . . . Sans date.	
1822. . . . . Sans date.	
1823. . . . . Sans date.	
1824. . . . . 10 Juillet. 2 h. s.	
1840. . . . . 25 Août.	
1841. . . . . 2 Octobre.	
1842. . . . . 29 Juillet.	
1842. . . . . 6 Août.	
1845. . . . . 23 Juillet.	
1854. . . . . 11 Juillet.	
1860. . . . . 3 Juin.	11

77 Dracé.

1828. . . . . 17 Juin.   1

78 Duerne.

1822. . . . . Sans date.	
1828. . . . . 5 Juillet.	
1833. . . . . 24 Mai.	
1834. . . . . Sans date.	
1840. . . . . 14 Août.	
1844. . . . . 18 Juin.	
1863. . . . . 23 Juillet.	7

79 Durette.

1822. . . . . Sans date.	
1824. . . . . 13 Août.	
1842. . . . . 22 Juin.	
1843. . . . . 11 Avril.	
1851. . . . . 17 Août.	
1855. . . . . 16 Juillet.	
1856. . . . . 21 Août.	
1858. . . . . 11 Mai.	
1858. . . . . 23 Mai.	
1859. . . . . Sans date.	
1863. . . . . 16 Août.	
1864. . . . . 2 Juin.	
1864. . . . . 7 Juin.	13

80 Echalas.

1819. . . . . Sans date.	
1823. . . . . Sans date.	
1828. . . . . 21 Mai.	
1828. . . . . 19 Juillet.	
1833. . . . . 24 Mai.	
1833. . . . . 25 Juin.	
1834. . . . . 30 Juillet.	
1834. . . . . 26 Août.	
1834. . . . . 27 Août.	
1835. . . . . 14 Juillet.	

A REPORTER. . 579

1839. . . . . Sans date.	
1841. . . . . 5 Juillet.	
1844. . . . . 18 Septembre.	
1848. . . . . 3 Août.	
1857. . . . . 21 Juillet.	
1857. . . . . 1er Septembre.	
1860. . . . . 18 Juillet.	
1864. . . . . 16 Juillet.	
» . . . . . 18 Juillet.	
» . . . . . 28 Juillet.	20

81 Echarmeaux (les).   0

82 Ecully.

1835. . . . . 19 Août.	
1838. . . . . Sans date.	
1842. . . . . 29 Juillet.	
1851. . . . . 29 Juillet.	
1854. . . . . 11 Juillet.	
1857. . . . . 1er Septembre.	
1861. . . . . 6 Juillet.	
1864. . . . . 18 Juillet.	
1865. . . . . 9 Juillet.	9

83 Emeringes.

1842. . . . . 21 Juin.	
1842. . . . . 22 Juin.	
1842. . . . . 18 Juillet.	
1865. . . . . 8 Juillet.	4

84 Etoux (les).

1822. . . . . Sans date.	
1824. . . . . 18 Août.	
1826. . . . . 4 Juillet. 3 h. s.	
1828. . . . . 22 Août.	4

85 Eveux.

1834. . . . . Sans date.	
1840. . . . . 25 Août.	
1842. . . . . 29 Juillet.	
1845. . . . . 23 Juillet.	
1848. . . . . 14 Août.	
1854. . . . . 1er Août.	
1860. . . . . 3 Juin.	
1864. . . . . 18 Juillet.	8

86 Fleurié.

1822. . . . . Sans date.	
1833. . . . . Sans date.	
1842. . . . . 22 Juin.	
1842. . . . . 23 Juin.	
1851. . . . . 7 Août.	
1851. . . . . 17 Août.	
1856. . . . . 16 Août.	

A REPORTER. . 624

1856.	. . . .	18 Août.	
1856.	. . . .	21 Août.	
1860.	. . . .	17 Août.	
1861.	. . . .	29 Mai.	
1864.	. . . .	2 Juin.	
1864.	. . . .	7 Juin.	13

87 Fleurieux-sur-l'Arbresle.

1823.	. . . .	Sans date.	
1834.	. . . .	Sans date.	
1835.	. . . .	19 Juillet.	
1838.	. . . .	4 Juin.	
1840.	. . .	25 Août.	
1842.	. . . .	29 Juillet.	
1845.	. . . .	23 Juillet.	
1848.	. . . .	14 Août.	
1848.	. . . .	1er Septembre.	
1862.	. . . .	3 Juin.	10

88 Fleurieux-sur-Saône.

1819.	. . . .	Sans date.	
1823.	. . . .	Sans date.	
1842.	. . . .	11 Juin.	
1854.	. . . .	11 Juillet.	4

89 Fontaines-sur-Saône.

| 1854. | . . . . | 11 Juillet. | |
| 1861. | . . . . | 6 Juillet. | 2 |

90 Fontaines-St-Martin.

1854.	. . . .	11 Juillet.	
1857.	. . . .	30 Juin.	
1861.	. . . .	6 Juillet.	3

91 Francheville.

| 1833. | . . . . | 14 Juillet. | |
| 1861. | . . . . | 6 Juillet. | 2 |

92 Frontenas.

1828.	. . . .	6 Juillet.	
1835.	. . . .	10 Juillet.	
1851.	. . . .	14 Août.	3

93 Givors.

1842.	. . . .	21 Juin.	
1850.	. . . .	1er Juin.	
1857.	. . . .	21 Juillet.	
1860.	. . . .	18 Juillet.	4

94 Gleizé.

1850.	. . . .	1er Août.	
1854.	. . . .	25 Juillet.	
1855.	. . . .	1er Juillet.	

A REPORTER. . 665

| 1856. | . . . . | 24 Mai. | |
| 1859. | . . . . | 7 Mai. | 5 |

95 Grandris.

1851.	. . . .	4 Juin.	
1854.	. . . .	1er Août.	
1863.	. . . .	16 Août.	
1865.	. . . .	8 Juillet.	
1866.	. . . .	27 Mai.	
1866.	. . . .	28 Mai.	6

96 Grézieux-le-Marché.

1819.	. . . .	Sans date.	
1822.	. . . .	Sans date.	
1834.	. . . .	Sans date.	
1841.	. . . .	2 Octobre.	
1841.	. . . .	3 Octobre.	
1841.	. . . .	4 Octobre.	6

97 Grézieux-la-Varenne.

1819.	. . . .	Sans date.	
1821.	. . . .	Sans date.	
1835.	. . . .	31 Mai.	
1840.	. . . .	14 Août.	
1842.	. . . .	5 Juillet	
1842.	. . . .	29 Juillet.	
1842.	. . . .	6 Août.	
1848.	. . . .	3 Août.	
1850.	. . . .	23 Août.	
1861.	. . . .	6 Juillet.	10

98 Grigny.

| 1848. | . . . . | 3 Août. | |
| 1850. | . . . . | 1er Juin. | 2 |

99 Halles (les) le Fenoïl.

1822.	. . . .	Sans date.	
1834.	. . . .	17 Août.	
1841.	. . . .	21 Juin.	3

100 Haute-Rivoire

1822.	. . . .	Sans date.	
1834.	. . . .	8 Juillet.	
1844.	. . . .	21 Juin. 3 h. s.	3

101 Hayes (les).

1819.	. . . .	Sans date.	
1822.	. . . .	Sans date.	
1828.	. . . .	13 Septembre.	
1834.	. . . .	Sans date.	
1840.	. . . .	8 Août.	
1840.	. . . .	14 Août.	
1842.	. . . .	29 Juillet.	

A REPORTER. . 700

1843.	5 Juin.	
1851. . . .	14 Août.	
1857. . . .	21 Juillet.	
1857. . . .	1ᵉʳ Septembre.	
1865. . . .	9 Juillet.	
1866. . . .	29 Juin.	13

102 Irigny.

1823. . . .	Sans date.	
1824. . . .	13 Août.	
1839. . . .	3 Mai.	
1840. . . .	16 Août.	
1842. . . .	21 Juin.	
1842. . . .	6 Août.	
1848. . . .	3 Août.	
1859. . . .	25 Avril.	
1860. . . .	9 Juillet.	
1864. . . .	16 Juillet.	
1865. . . .	15 Mai.	11

103 Joux.

1822. . . .	Sans date.	
1828. . . .	6 Juillet.	
1834. . . .	17 Août.	
1842. . . .	22 Juin.	
1844. . . .	2 Juin.	
1844. . . .	4 Juillet.	
1848. . . .	30 Septembre.	
1850. . . .	30 Juillet.	
1854. . . .	4 Août.	
1855. . . .	2 Juin.	
1863. . . .	16 Août.	
1865. . . .	8 Juillet.	
1866. . . .	27 Mai.	
1866. . . .	28 Mai.	14

104 Juliénas.

1835.	28 Mai.	
1842. . . .	21 Juin.	
1842. . . .	22 Juin.	
1842. . . .	18 Juillet.	
1859. . . .	20 Juillet.	
1863. . . .	16 Août.	
1864. . . .	16 Mai.	
1864. . . .	2 Juin.	
1864. . . .	7 Juin.	
1865. . . .	8 Juillet.	10

105 Jullié.

1842.	22 Juin.	
1842. . . .	22 Juin.	
1842. . . .	18 Juillet.	
1850. . . .	1ᵉʳ Juillet.	

1859.	8 Juin.	
1864. . . .	6 Juin.	
1864. . . .	7 Juin.	
1865. . . .	8 Juillet.	8

106 Lacenas.

1835. . . .	10 Juillet.	
1851. . . .	14 Août.	
1851. . . .	17 Août.	
1855. . . .	1ᵉʳ Juillet.	
1865. . . .	16 Mai.	5

107 Lachassagne.

1844. . . .	18 Septembre.	
1858. . . .	23 Mai.	2

108 Lamure.

1855. . . .	10 Septembre.	
1860. . . .	3 Juin.	
1863. . . .	29 Avril.	
1863. . . .	30 Avril.	
1865. . . .	8 Juillet.	
1866. . . .	27 Mai.	
1866. . . .	28 Mai.	7

109 Lancié.

1828. . . .	17 Juin.	
1842. . . .	22 Juin.	
1851. . . .	7 Août.	
1851. . . .	17 Août.	
1855. . . .	16 Juillet.	
1856. . . .	16 Août.	
1856. . . .	21 Août.	
1863. . . .	16 Août.	8

110 Lantignié.

1822. . . .	Sans date.	
1824. . . .	13 Août.	
1850. . . .	1ᵉʳ Août.	
1851. . . .	Sans date.	
1856. . . .	21 Août.	
1864. . . .	2 Juin.	
1864. . . .	7 Juin.	
1865. . . .	8 Juillet.	8

111 Larajasse.

1819. . . .	Sans date.	
1822. . . .	Sans date.	
1824. . . .	13 Août.	
1834. . . .	Sans date.	
1850. . . .	24 Juin.	
1851. . . .	29 Juillet.	
1856. . . .	10 Juin.	

REPORT. .	786	
1860.	9 Juillet.	
1863.	23 Juillet.	
1863.	16 Août.	10

112 Légny.

1851.	14 Août.	1

113 Lentilly.

1822.	Sans date.	
1828.	14 Septembre.	
1839.	Sans date.	
1840.	10 Mai. 3h. s.	
1840.	25 Août. 5h. s.	
1841.	Nuit du 2 au 3 Oct.	
1842.	29 Juillet.	
1842.	6 Août.	
1845.	24 Juillet.	
1854.	11 Juillet.	
1856.	13 Août.	
1860.	3 Juin.	
1864.	18 Juillet.	13

114 Létra.

1828.	2 Septembre.	
1850.	31 Mai.	
1850.	1er Juin.	
1851.	30 Juillet.	
1851.	14 Août.	
1859.	8 Juin.	
1859.	4 Août.	
1859.	5 Août.	
1862.	5 Juillet.	
1863.	16 Août.	
1865.	8 Juillet.	
1866.	27 Mai.	
1866.	28 Mai.	13

115 Liergues.

1824.	18 Juillet.	
1830.	18 Juillet.	
1845.	4 Août.	
1850.	1er Août.	
1851.	14 Août.	
1851.	17 Août.	
1854.	— Août.	
1859.	5 Août.	
1865.	16 Mai.	9

116 Limas.

1830.	16 Juillet.	
1854.	31 Juillet.	
1856.	24 Mai.	

A REPORTER. . 832

REPORT. .	832	
1859.	4 Août.	
1859.	5 Août.	5

117 Limonest.

1819.	Sans date.	
1823.	Sans date.	
1824.	10 Juillet.	
1839.	16 Septembre.	
1842.	29 Juillet.	
1845.	23 Juillet.	
1845.	5 Août.	
1848.	8 Septembre.	
1850.	23 Août.	
1854.	11 Juillet.	
1857.	1er Septembre.	
1860.	3 Juin.	12

118 Lissieu.

1822.	Sans date.	
1842.	5 Août.	
1845.	23 Juillet.	
1860.	3 Juin.	4

119 Loire.

1819.	Sans date.	
1822.	Sans date.	
1828.	13 Septembre.	
1834.	Sans date.	
1840.	14 Août.	
1842.	15 Juillet.	
1843.	4 Juin.	
1850.	2 Juin.	
1851.	14 Août.	
1857.	21 Juillet.	
1859.	27 Mai.	
1864.	28 Juillet.	12

120 Longes et Trêves.

1822.	Sans date.	
1828.	19 Juillet.	
1828.	13 Septembre.	
1838.	Sans date.	
1840.	25 Août.	
1841.	Nuit du 2 au 3 Oct.	
1847.	Sans date.	
1848.	9 Août.	
1851.	29 Juillet.	9

121 Longes.

1857.	21 Juillet.	
1857.	28 Juillet.	
1857.	1er Septembre.	
1861.	29 Mai.	

A REPORTER. . 874

REPORT. .	874			REPORT. .	911	

1864.	16 Juillet.		
1865.	15 Mai.	6	

122 Longessaigne.

1824.	18 Juillet.	
1841.	28 Mai.	
1841.	21 Ju'n. 3 h. s.	
1851.	17 Août.	
1854.	11 Juillet.	
1858.	23 Mai.	6

123 Lozane.

1854.	— Août.	1

124 Lucenay.

1824.	18 Juillet.	
1828.	6 Juillet.	
1842.	6 Août.	
1844.	18 Septembre.	
1851.	14 Août.	5

125 Lyon.

TROISIÈME ARRONDISSEMENT.

1865.	15 Juillet.	1

QUATRIÈME ARRONDISSEMENT.

1857.	1er Septembre.	1

CINQUIÈME ARRONDISSEMENT.

1861.	6 Juillet.	1

126 Marchampt.

1822.	Sans date.	
1824.	13 Août.	
1834.	3 Juillet.	
1834.	4 Juillet.	
1850.	1er Août.	
1851.	17 Août.	
1855.	10 Septembre.	
1856.	16 Août.	
1856.	18 Août.	
1856.	21 Août.	
1859.	4 Juin.	
1863.	16 Août.	
1864.	19 Août.	
1865.	8 Juillet.	14

127 Marcilly d'Azergues.

1845.	23 Juillet. 4 h. 1/4	
1860.	3 Juin.	2

128 Marcy-Lachassagne.

1824.	18 Juillet.	

A REPORTER. . 911

1835.	10 Juillet.	
1842.	6 Août.	
1851.	14 Août.	4

129 Marcy et Ste-Consorce.

1819.	Sans date.	
1838.	31 Mai.	
1840.	10 Mai.	
1842.	29 Juillet.	
1860.	3 Juin.	
1863.	3 Juillet.	6

130 Mardore.

1854.	1er Août.	1

131 Marnand.

1866.	27 Mai.	
1866.	31 Mai.	
1866.	4 Juin.	3

132 Meaux.   0

133 Messimy.

1822.	Sans date.	
1828.	5 Juillet.	
1834.	4 Juillet.	
1839.	12 Mai.	
1842.	22 Juin.	
1842.	6 Août.	
1848.	3 Août.	
1851.	29 Juillet.	
1851.	14 Août.	
1858.	27 Juillet.	
1859.	25 Avril.	
1860.	9 Juillet.	
1861.	6 Juillet.	13

134 Meys.

1822.	Sans date.	
1834.	30 Juillet.	
1834.	1er Août.	
1834.	26 Août.	
1841.	13 Mai.	
1841.	21 Juin.	
1851.	14 Août.	
1864.	17 Juillet.	8

135 Millery.

1848.	3 Août.	
1864.	16 Juillet.	
1865.	21 Mai.	3

136 Moiré.

1834.	3 Juillet.	
1834.	4 Juillet.	

A REPORTER. . 949

REPORT. . 949	REPORT. . 984

1834.	. . . .	5 Juillet.	
1835.	. . . .	10 Juillet.	
1851.	. . . .	14 Août.	
1854.	. . . .	2 Août.	6

437 Monsol.

1822.	. . . .	Sans date.	
1842.	. . . .	12 Juillet.	
1841.	. . . .	13 Juillet.	
1851.	. . . .	3 Juin.	4

438 Montagny.

1819.	. . . .	Sans date.	
1821.	. . . .	Sans date.	
1822.	. . . .	Sans date.	
1824.	. . . .	13 Août.	
1839.	. . . .	15 Août.	
1842.	. . . .	21 Juin 1 h. 1/2 s.	
1848.	. . . .	3 Août.	
1861.	. . . .	9 Juin.	
1863.	. . . .	15 Avril.	
1864.	. . . .	16 Juillet.	
1865.	. . . .	15 Mai.	11

439 Montmelas.

1851.	. . . .	2 Juin.	
1851.	. . . .	30 Juillet.	
1860.	. . . .	14 Septembre.	
1863.	. . . .	16 Août.	
1865.	. . . .	8 Juillet.	5

440 Montromant.

1822.	. . . .	Sans date.	
1835.	. . . .	28 Juillet.	
1841.	. . . .	16 Septembre.	
1841.	. . . .	Nuit du 2 au 3 Oct.	
1844.	. . . .	18 Juin.	
1850.	. . . .	10 Juin.	
1851.	. . . .	14 Août.	
1860.	. . . .	3 Juin.	
1866.	. . . .	20 Août.	9

441 Montrotier.

1823.	. . . .	Sans date.	
1841.	. . . .	28 Mai.	
1841.	. . . .	21 Juin.	
1841.	. . . .	22 Juin.	
1850.	. . . .	12 Juin.	
1850.	. . . .	13 Juin.	
1850.	. . . .	28 Juin.	
1851.	. . . .	2 Juin.	
1851.	. . . .	17 Août.	

A REPORTER. . 984

1854.	. . . .	11 Juillet.	
1858.	. . . .	23 Mai.	11

442 Morancé.

1842.	. . . .	6 Août.	
1844.	. . . .	18 Septembre.	
1851.	. . . .	14 Août.	
1859.	. . . .	5 Mai.	4

443 Mornant.

1822.	. . . .	Sans date.	
1824.	. . . .	13 Août.	
1826.	. . . .	23 Juillet.	
1826.	. . . .	5 Août.	
1834.	. . . .	25 Juillet.	
1834.	. . . .	1er Août.	
1838.	. . . .	Sans date.	
1839.	. . . .	15 Août.	
1839.	. . . .	— Octobre.	
1842.	. . . .	15 Juillet.	
1842.	. . . .	9 Août.	
1848.	. . . .	3 Août.	
1848.	. . . .	17 Août.	
1851.	. . . .	1er Juillet.	
1864.	. . . .	16 Juillet.	
1865.	. . . .	15 Mai.	16

444 Mure-sur-Azergues (la)   0

445 Neuville-sur-Saône.

1824.	. . . .	18 Juillet.	
1841.	. . . .	2 Octobre.	
1845.	. . . .	23 Juillet.	
1848.	. . . .	14 Août.	
1850.	. . . .	23 Août.	
1854.	. . . .	11 Juillet.	
1854.	. . . .	2 Août.	7

446 Nuelles.

1834.	. . . .	Sans date.	
1840.	. . . .	25 Août.	
1845.	. . . .	23 Juillet.	
1851.	. . . .	10 Juillet.	
1854.	. . . .	11 Juillet.	5

447 Odenas.

1823.	. . . .	Sans date.	
1824.	. . . .	1er Août.	
1834.	. . . .	24 Mai.	
1851.	. . . .	7 Août.	
1855.	. . . .	10 Septembre.	
1857.	. . . .	31 Août.	
1863.	. . . .	16 Août.	7

A REPORTER. . 1034

REPORT. . 1034   REPORT. . 1071

148 Oingt.

1822.	. . . .	Sans date.
1834.	. . . .	2 Juillet.
1834.	. . . .	5 Juillet.
1844.	. . . .	18 Septembre.
1848.	. . . .	7 Août.
1859.	. . . .	4 Août.
1859.	. . . .	5 Août.
1862.	. . . .	8 Juillet.
1866.	. . . .	25 Juillet. 9

149 Olmes (les).

1822.	. . . .	Sans date.
1828.	. . . .	6 Juillet.
1834.	. . . .	2 Août.
1857.	. . . .	16 Mai.
1858.	. . . .	10 Mai.
1858.	. . . .	23 Mai. 6

150 Orliénas.

1822.	. . . .	Sans date.
1823.	. . . .	Sans date.
1824.	. . . .	13 Août.
1839.	. . . .	16 Août 2 h. 1/2 m.
1840.	. . . .	9 Août.
1840.	. . . .	14 Août.
1841.	. . . .	2 Octobre.
1841.	. . . .	3 Octobre.
1842.	. . . .	21 Juin.
1848.	. . . .	3 Août.
1851.	. . . .	23 Avril.
1860.	. . . .	9 Juillet.
1864.	. . . .	16 Juillet de 4 à 5 h s.
1865.	. . . .	15 Mai. 14

151 Ouilly.

1826.	. . . .	5 Août.
1828.	. . . .	21 Mai.
1830.	. . . .	16 Juillet. 3

152 Oullins.

1840.	. . . .	14 Août.
1840.	. . . .	24 Août.
1842.	. . . .	29 Juillet.
1848.	. . . .	4 Août.
1860.	. . . .	9 Juillet. 5

153 Ouroux.

1826.	. . . .	5 Août.
1828.	. . . .	5 Août.
1842.	. . . .	21 Juin.
1842.	. . . .	22 Juin.

A REPORTER. . 1071

1851.	. . . .	4 Juin.
1855.	. . . .	16 Juillet.
1859.	. . . .	8 Juin.
1864.	. . . .	19 Août.
1865.	. . . .	24 Juin.
1865.	. . . .	25 Juin.
1865.	. . . .	29 Juin.
1865.	. . . .	30 Juin. 12

154 Poleymieux.

1819.	. . . .	Sans date.
1826.	. . . .	Du 5 au 6 Août.
1833.	. . . .	16 Juillet.
1839.	. . . .	9 Juillet.
1839.	. . . .	16 Septembre.
1841.	. . . .	2 Octobre.
1845.	. . . .	23 Juillet.
1848.	. . . .	14 Août.
1851.	. . . .	24 Juillet.
1854.	. . . .	11 Juillet. 4 h. s.
1857.	. . . .	30 Juin.
1860.	. . . .	3 Juin.
1864.	. . . .	19 Août. 13

155 Pollionnay.

1819.	. . . .	Sans date.
1822.	. . . .	Sans date.
1833.	. . . .	14 Août.
1838.	. . . .	1er Juin.
1839.	. . . .	16 Septembre.
1840.	. . . .	27 Août.
1840.	. . . .	30 Août.
1842.	. . . .	29 Juillet.
1842.	. . . .	30 Juillet.
1845.	. . . .	23 Juillet.
1854.	. . . .	11 Juillet.
1860.	. . . .	3 Juin. 12

156 Pomeys.

1819.	. . . .	Sans date.
1822.	. . . .	Sans date.
1850.	. . . .	7 Juin.
1856.	. . . .	11 Juin. 4

157 Pommiers.

1824.	. . . .	18 Juillet.
1830.	. . . .	16 Juillet.
1848.	. . . .	27 Juin.
1851.	. . . .	14 Août.
1859.	. . . .	5 Août.
1861.	. . . .	28 Juin. 6

A REPORTER. . 1118

REPORT. . 1118 | REPORT. . 1133

158 Pontcharra-sur-Turdine.

1850. . . . 30 Mai.
1850. . . . 1er Juin.   2

159 Pouilly-le-Monial.

1824. . . . 18 Juillet.
1830. . . . 16 Juillet.
1833. . . . 10 Juillet.
1851. . . . 14 Août.
1854. . . . 1er Août.
1859. . . . 5 Août.   6

160 Poule.

1835. . . . 10 Juin.
1838. . . . 30 Mai.
1859. . . . 16 Juin.
1859. . . . 17 Juin.
1860. . . . 3 Juin.
1865. . . . 24 Juin.
1865. . . . 25 Juin.
1865. . . . 29 Juin.
1865. . . . 30 Juin.   9

161 Propières.

1833. . . . 14 Août.
1842. . . . 21 Juin.
1848. . . . 14 Août.
1859. . . . 28 Septembre.
1860. . . . 3 Juin.   5

162 Quincié.

1822. . . . Sans date.
1824. . . . 13 Août.
1828. . . . 17 Juin.
1842. . . . 9 Août.
1851. . . . 7 Août.
1854. . . . 31 Août.
1855. . . 10 Sept. entre 2 et 3 h s.
1856. . . . 21 Août.
1857. . . . 31 Août.
1863. . . . 16 Août.
1864. . . . 2 Juin.
1864. . . . 7 Juin.
1865. . . . 8 Juillet.   13

163 Quincieux.

1824. . . . 18 Juillet.
1834. . . . 6 Juillet.
1842. . . . 11 Juin.
1844. . . . 18 Septembre.
1845. . . . 23 Juillet.
1854. . . . 1er Août.
1860. . . . 3 Juin.

A REPORTER. . 1153

1863. . . . 21 Avril.   8

164 Ranchal.

1838. . . . 30 Mai.
1842. . . . 21 Juin.
1851. . . . 17 Août.
1854. . . . 1er Août.
1859. . . . 10 Août.
1860. . . . 3 Juin.
1866. . . . 24 Juin.
1866. . . . 26 Juin.
1866. . . . 29 Juin.
1866. . . . 30 Juin.   10

165 Régnié.

1822. . . . Sans date.
1824. . . . 13 Août.
1826. . . . 10 Août.
1828. . . . 17 Juin.
1834. . . . 11 Juin.
1838. . . . 30 Mai.
1842. . . . 22 Juin.
1850. . . . 1er Août.
1851. . . . 7 Août.
1851. . . . 17 Août.
1855. . . . 16 Juillet.
1856. . . . 10 Septembre.
1856. . . . 16 Août.
1856. . . . 18 Août.
1856. . . . 21 Août.
1860. . . . 3 Juin.
1863. . . . 16 Août.
1864. . . . 2 Juin.
1864. . . . 7 Juin.
1865. . . . 8 Juillet.   20

166 Riverie.

1824. . . . 13 Août.
1834. . . . 25 Août.   2

167 Rivolet.

1834. . . . 30 Juillet.
1851. . . . 2 Juin.
1851. . . . 3 Juin.
1854. . . . 1er Août.
1860. . . . 14 Septembre.
1861. . . . 28 Juin.
1861. . . . 5 Juillet.
1863. . . . 16 Août.   8

168 Rochetaillée.

1841. . . . du 2 au 3 Octobre.
1857. . . . 20 Juin.

A REPORTER. . 1201

REPORT. . 1201

1859. . . . . 4 Septembre.
1861. . . . . 6 Juillet.   4

169 Ronno.

1854. . . . . 31 Juillet.   1

170 Rontalon.

1819. . . . . Sans date.
1822. . . . . Sans date.
1823. . . . . Sans date.
1824. . . . . 13 Août.
1834. . . . . Juillet.
1841. . . . . du 2 au 3 Octobre.
1845. . . . . 23 Juillet.
1848. . . . . 3 Août 4 h. 5.
1851. . . . . 29 Juillet.
1851. . . . . 14 Août.
1851. . . . . 17 Août.
1860. . . . . 9 Juillet.
1861. . . . . 6 Juillet.
1864. . . . . 16 Juillet.
1866. . . . . 22 Septembre.
1866. . . . . 23 Septembre.
1866. . . . . 24 Septembre.   17

171 Sain-Bel.

1819. . . . . 3 Août, 4 h. s.
1851. . . . . 29 Juillet.
1851. . . . . 14 Août.
1851. . . . . 17 Août.
1860. . . . . 3 Juin.   5

172 Saint-Andéol-le-Château.

1822. . . . . Sans date.
1823. . . . . Sans date.
1824. . . . . Sans date.
1834. . . . . Sans date.
1835. . . . . 18 Juillet.
1839. . . . . 25 Juillet.
1839. . . . . 15 Août.
1839. . . . . 16 Août.
1840. . . . . 17 Mai.
1840. . . . . 22 Juin.
1841. . . . . 5 Juil. ent. 4 et 5 h. s.
1842. . . . . 21 Juin.
1844. . . . . 18 Septembre.
1848. . . . . 3 Août.
1859. . . . . 22 Mai.
1859. . . . . 23 Mai.
1861. . . . . 9 Juin.
1865. . . . . 15 Mai.   18

173 Saint-André-la-Côte.

1819. . . . . Sans date.

A REPORTER. . 1246

REPORT. . 1246

1824. . . . . 13 Août.
1835. . . . . 18 Juillet.
1839. . . . . 15 Août.
1841. . . . . 5 Octobre.
1848. . . . . 3 Août.
1851. . . . . 29 Juillet.
1851. . . . . 14 Août.
1856. . . . . 11 Juin.
1859. . . . . 16 Juin.
1860. . . . . 9 Juillet.
1861. . . . . 6 Juillet.
1865. . . . . 9 Juillet.   13

174 Saint-Apollinaire.

1862. . . . . 8 Juillet.   1

175 Saint-Bonnet-des-Bruyères.

1826. . . . . 26 Août.
1835. . . . . 5 Juin.
1835. . . . . 6 Juin.
1842. . . . . 21 Juin.
1842. . . . . 22 Juin.   5

176 Saint-Bonnet-le-Troncy.

1855. . . . . 10 Septembre.
1865. . . . . 8 Juillet.
1866. . . . . 30 Juin.   3

177 Sainte-Catherine-sous-Riverie.

1819. . . . . Sans date.
1822. . . . . Sans date.
1824. . . . . 13 Août.
1834. . . . . Sans date.
1840. . . . . — Mai.
1840. . . . . — Juin.
1841. . . . . du 2 au 3 Octobre.
1848. . . . . 3 Août.
1856. . . . . 11 Juin.
1861. . . . . 6 Juillet.
1862. . . . . 24 Mai.   11

178 Saint-Christophe.

1826. . . . . 26 Août.
1828. . . . . 25 Juillet.
1834. . . . . 2 Août.
1835. . . . . 6 Juin.
1850. . . . . 28 Juin.
1850. . . . . 29 Juin.
1854. . . . . 25 Juillet.
1858. . . . . 16 Juillet.   8

179 Saint-Clément-les-Places.

1822. . . . . Sans date.

A REPORTER. . 1287

	REPORT. . 1287	

1824.	. . . . 18 Juillet.	
1834.	. . . . 8 Juillet.	
1841.	. . . . 28 Mai.	
1854.	. . . . 11 Juillet, 4 h. s.	
1854.	. . . . 1er Août, 8 h. s.	
1858.	. . . . 23 Mai.	7

180 Saint-Clément-sous-Valsonne.

1822.	. . . . Sans date.	
1828.	. . . . 6 Juillet 4 h. s.	
1830.	. . . . 16 Juillet.	
1844.	. . . . 17 Septembre.	
1844.	. . . . 6 Octobre.	
1851.	. . . . 14 Août.	
1851.	. . . . 17 Août.	
1863.	. . . . 16 Août.	
1865.	. . . . 8 Juillet.	9

181 Sainte-Colombe.

1819.	. . . . Sans date.	
1822.	. . . . Sans date.	
1851.	. . . . 14 Août.	
1857.	. . . . 21 Juillet.	
1865.	. . . . 21 Mai.	5

182 Saint-Cyr-au-Mont-d'Or.

1822.	. . . . Sans date.	
1839.	. . . . 16 Septembre.	
1842.	. . . . 29 Juillet.	
1844.	. . . . 25 Juin.	
1848.	. . . . 3 Août.	
1848.	. . . . 8 Septembre.	
1850.	. . . . 23 Août.	
1854.	. . . . 11 Juillet.	
1857.	. . . . 30 Juin.	
1861.	. . . . 6 Juillet.	10

183 Saint-Cyr-le-Châtoux.

1854.	. . . . 1er Août.	1

184 Saint-Cyr-sur-le-Rhône.

1819.	. . . Sans date.	
1822.	. . . . Sans date.	
1834.	. . . . 8 Juillet.	
1840.	. . . . 30 Août.	
1850.	. . . . 1er Juin.	
1851.	. . . . 14 Août.	
1857.	. . . . 21 Juillet.	
1863.	. . . . 10 Juin.	
1864.	. . . . 18 Juillet.	
1865.	. . . . 21 Mai.	10

A REPORTER. . 1329

	REPORT. . 1329	

185 Saint-Didier-au-Mont-d'Or.

1819.	. . . . Sans date.	
1833.	. . . . 16 Juillet.	
1835.	. . . . 19 Août.	
1842.	. . . . 29 Juillet.	
1844.	. . . . 25 Juin.	
1850.	. . . . 23 Août.	
1851.	. . . . 14 Août.	
1854.	. . . . 11 Juillet.	
1859.	. . . . 27 Mai.	
1861.	. . . . 6 Juillet.	10

186 Saint-Didier-sur-Beaujeu.

1826.	. . . . — Juillet.	
1826.	. . . . — Août.	
1851.	. . . . 7 Août.	
1855.	. . . . 10 Septembre.	
1857.	. . . . 31 Août.	
1863.	. . . . 8 Juillet.	
1866.	. . . . 8 Septembre.	7

187 Saint-Didier-sous-Riverie.

1819.	. . . Sans date.	
1823.	. . . . Sans date.	
1824.	. . . . 13 Août.	
1834.	. . . . 4 Juillet.	
1834.	. . . . 8 Juillet.	
1836.	. . . . Sans date.	
1839.	. . . . 15 Août.	
1839.	. . . . 16 Août.	
1840.	. . . . 22 Juin.	
1841.	. . . . 3 Octobre.	
1842.	. . . . Sans date.	
1844.	. . . . 18 Septembre.	
1848.	. . . . 3 Août.	
1851.	. . . . 1er Juillet.	
1856.	. . . . 15 Mai.	
1857.	. . . . 1er Septembre.	
1860.	. . . . 18 Juillet.	
1864.	. . . . 16 Juillet.	
1864.	. . . . 18 Juillet.	19

188 Saint-Etienne-la-Varenne.

1823.	. . . . Sans date.	
1824.	. . . . 31 Juillet.	
1824.	. . . . 1er Août.	
1826.	. . . . 5 Août.	
1828.	. . . . 17 Juin.	
1854.	. . . . 31 Juillet.	
1855.	. . . . 3 Juin.	
1859.	. . . . 3 Août.	
1860.	. . . . 3 Juin.	
1863.	. . . . 16 Août.	10

A REPORTER. . 1375

REPORT. . 1375

189 Saint-Forgeux.

1834.	26 Août.	
1851.	17 Août.	
1854.	1er Août.	
1863.	29 Avril.	
1863.	30 Avril.	
1865.	8 Juillet.	
1865.	8 Septembre.	7

190 Sainte-Foy-lès-Lyon.

1834.	2 Juillet.	
1834.	3 Juillet.	
1840.	24 Août.	
1842.	29 Juillet.	
1848.	3 Août.	
1851.	du 29 au 30 Juillet	6

191 Sainte-Foy-l'Argentière.

1819.	Sans date.	
1822.	Sans date.	
1834.	Sans date.	
1835.	Sans date.	
1851.	14 Août.	5

192 Saint-Genis-Laval.

1840.	14 Août.	
1840.	24 Août.	
1842.	15 Juillet.	
1848.	3 Août.	
1859.	25 Avril.	
1860.	9 Juillet.	
1864.	16 Juillet.	
1864.	18 Juillet.	
1865.	15 Mai.	9

193 Saint-Genis-l'Argentière.

1819.	Sans date.	
1834.	4 Juillet.	
1834.	1er Août.	
1834.	26 Août.	
1835.	Sans date.	
1843.	7 Août.	
1844.	18 Juin.	
1848.	3 Août.	
1851.	14 Août.	
1859.	21 Juillet.	
1860.	3 Juin.	
1866.	20 Août.	12

194 Saint-Genis-les-Ollières.

1819.	Sans date.	
1840.	14 Août.	

A REPORTER. . 1414

REPORT. . 1414

1842.	29 Juillet.	
1861.	6 Juillet.	4

195 Saint-Georges-de-Reneins.

1854.	31 Juillet.	1

196 Saint-Germain-au-Mont-d'Or.

1819.	Sans date.	
1824.	10 Juillet.	
1824.	18 Juillet.	
1826.	5 Août.	
1826.	6 Août.	
1833.	16 Juillet.	
1839.	9 Juillet.	
1841.	nuit du 2 au 3 Oct.	
1844.	18 Septembre.	
1845.	23 Juillet.	
1848.	14 Août.	
1854.	1er Août.	
1860.	3 Juin.	13

197 Saint-Germain-sur-l'Arbresle.

1819.	Sans date.	
1828.	6 Juillet.	
1840.	25 Juillet.	
1845.	23 Juillet, 4 h. s.	
1851.	1er Juillet.	
1854.	1er Août.	6

198 Saint-Igny-des-Vers.

1826.	Sans date.	
1835.	Sans date.	
1842.	21 Juin.	
1842.	22 Juin.	
1844.	30 Juin.	
1859.	28 Septembre.	6

199 Saint-Jacques-des-Arrets.

1826.	10 Août.	
1828.	25 Juillet.	
1842.	21 Juin.	
1842.	22 Juin.	
1850.	28 Juin.	
1850.	29 Juin.	
1857.	3 Juin.	
1864.	19 Août.	
1866.	24 Juin.	
1866.	25 Juin.	
1866.	29 Juin.	
1866.	30 Juin.	12

200 Saint-Jean-d'Ardière.

1824.	31 Juin.	

A REPORTER. . 1456

REPORT. . 1456

1824.	13 Août.	
1828.	17 Juin.	
1842.	Sans date.	
1850.	31 Mai.	
1863.	16 Août.	
1864.	7 Juin.	
1865.	8 Juillet.	8

201 Saint-Jean-la-Bussière.

1838.	6 Mai.	
1838.	30 Mai.	
1851.	2 Juin.	
1851.	3 Juin.	
1855.	10 Septembre.	
1860.	3 Juin.	
1864.	13 Juillet.	7

202 Saint-Jean-des-Vignes.

1844.	18 Septembre.	
1854.	1er Août.	2

203 Saint-Jean-de-Toulas.

1822.	Sans date.	
1823.	Sans date.	
1830.	Sans date.	
1834.	Sans date.	
1835.	Sans date.	
1839.	16 Août.	
1840.	17 Mai.	
1841.	22 Juin.	
1841.	5 Juillet 5h. s.	
1844.	18 Septembre.	
1848.	3 Août.	
1857.	1er Septembre.	
1865.	15 Mai.	13

204 Saint-Julien.

1842.	22 Juin.	
1842.	10 Juillet.	
1843.	10 Août.	
1843.	19 Août.	
1851.	29 Juillet.	
1854.	31 Juillet.	
1860.	14 Septembre.	
1865.	9 Juillet.	8

205 Saint-Julien-sur-Bibost.

1819.	Sans date.	
1827.	14 Juin.	
1833.	24 Mai.	
1834.	27 Août.	
1841.	28 Mai, 4 h. s.	

A REPORTER. . 1494

REPORT. . 1494

1841.	18 Juin, 3 h. s.	
1842.	29 Juillet.	
1845.	23 Juillet, 4 h. s.	
1850.	1er Juin.	
1850.	28 Juin.	
1851.	17 Août.	
1854.	1er Août.	
1857.	24 Août.	
1858.	25 Mai.	
1858.	14 Août.	
1859.	21 Juillet.	
1864.	7 Juin.	
1865.	16 Mai.	18

206 Saint-Just-d'Avray.

1823.	Sans date.	
1834.	25 Juillet.	
1835.	10 Juillet.	
1854.	31 Juillet.	
1854.	1er Août.	
1855.	2 Juin.	
1864.	13 Juillet.	
1865.	8 Juillet.	
1866.	27 Mai.	
1866.	31 Mai.	
1866.	4 Juin.	11

207 Saint-Lager.

1834.	10 Juin.	
1854.	22 Avril.	
1854.	25 Juillet.	
1859.	22 Mai.	
1863.	16 Août.	
1865.	8 Juillet.	6

208 Saint-Laurent-d'Agny.

1823.	Sans date.	
1824.	13 Août.	
1826.	— Juillet.	
1834.	Sans date.	
1838.	Sans date.	
1839.	16 Juillet.	
1841.	nuit du 2 au 3 Oct.	
1842.	21 Juin.	
1842.	6 Août.	
1848.	3 Août.	
1850.	9 Août.	
1851.	1er Juillet.	
1864.	16 Juillet.	
1865.	15 Mai.	14

209 Saint-Laurent-de-Chamousset.

1822.	Sans date.	

A REPORTER. . 1543

72 DATES ET TOTAUX DES GRÊLES

RÉPORT. . 1543 | REPORT. . 1583

1824.	10 Juillet.	
1841.	4 Août.	3

210 Saint-Laurent-d'Oingt.

1844.	18 Septembre.	
1851.	14 Août.	
1854.	31 Juillet.	
1859.	4 Août.	
1859.	5 Août.	
1861.	18 Juin.	
1861.	5 Juillet.	
1861.	6 Juillet.	
1862.	8 Juillet.	9

211 Saint-Laurent-de-Vaux.

1834.	6 Juillet.	
1835.	28 Juillet.	
1839.	12 Mai.	
1841.	3 Octobre.	
1842.	6 Août	
1865.	9 Juillet.	6

212 Saint-Loup.

1822.	Sans date.	
1828.	6 Juillet. 3h. s.	
1833.	24 Mai.	
1863.	29 Avril.	
1863.	30 Avril.	5

213 Saint-Mamert.

1826.	5 Juillet.	
1842.	21 Juin.	
1842.	22 Juin.	
1850.	28 Juin.	
1850.	29 Juin.	
1851.	3 Juin.	
1864.	19 Août.	
1866.	24 Juin.	
1866.	25 Juin.	
1866.	29 Juin.	
1866.	30 Juin.	11

214 Saint-Marcel.

1819.	Sans date.	
1828.	6 Juillet.	
1842.	10 Juillet.	
1850.	1er Août.	
1851.	12 Mai.	
1864.	8 Juillet.	6

215 Saint-Martin-de-Cornas.

1819.	Sans date.	
1821.	Sans date.	

A REPORTER. . 1583

1833.	21 Juillet.	
1834.	8 Août.	
1834.	8 Septembre.	
1834.	17 Septembre.	
1834.	27 Septembre.	
1835.	Sans date.	
1839.	Sans date.	
1840.	22 Juin.	
1841.	30 Juin.	
1841.	5 Juillet.	
1842.	21 Juin.	
1844.	18 Septembre.	
1848.	3 Août.	
1857.	30 Juillet.	
1859.	22 Mai.	
1859.	23 Mai.	
1860.	14 Juin.	
1864.	28 Juillet.	
1865.	15 Mai.	
1866.	29 Juin.	22

216 Saint-Martin-en-haut.

1823.	Sans date.	
1828.	5 Juillet.	
1841.	2 Octobre.	
1841.	3 Octobre.	
1848.	5 Août.	
1850. .	Nuit du 31 Mai au 1er Juin.	
1851.	29 Juillet.	
1851.	14 Août.	
1856. . .	Nuit du 11 au 12 Juin.	
1857.	1er Septembre.	
1860.	9 Juillet.	
1861.	6 Juillet.	
1863.	23 Juillet.	
1864.	16 Juillet.	
1865.	9 Juillet.	
1866.	30 Juin.	16

217 Saint-Maurice-sur-Dargoire.

1823.	Sans date.	
1824.	Sans date.	
1828.	6 Mai.	
1833.	24 Mai.	
1834.	8 Juillet.	
1834.	26 Juillet.	
1834.	26 Août.	
1839.	16 Août.	
1840.	22 Juin.	
1842.	21 Juin.	
1844.	18 Septembre.	
1848.	3 Août.	
1851.	1er Juillet.	

A REPORTER. . 1621

REPORT. . 1621

1857.	. . . .	1er Septembre.	
1860.	. . . .	18 Juillet.	
1862.	. . . .	6 Septembre.	
1864.	. . . .	16 Juillet.	
1865.	. . . .	15 Mai.	18

218 Saint-Nizier-d'Azergues.

1838.	. . . .	16 Mai.	
1851.	. . . .	17 Août.	
1855.	. . . .	10 Septembre.	
1862.	. . . .	20 Mai.	
1865.	. . . .	8 Juillet.	
1866.	. . . .	27 Mai.	
1866.	. . . .	28 Mai.	7

219 Sainte-Paule.

1834.	. . . .	2 Juillet.	
1851.	. . . .	14 Août.	
1857.	. . . .	17 Août.	
1859.	. . . .	Du 4 au 5 Août.	
1863.	. . . .	16 Août.	
1865.	. . . .	16 Août.	
1865.	. . . .	21 Août.	
1866.	. . . .	27 Mai.	
1866.	. . . .	28 Mai.	9

220 Saint-Pierre-la-Palud.

1824.	. . . .	10 Juillet. 9 h. s.	
1833.	. . . .	8 Juillet.	
1834.	. . . .	Sans date.	
1841.	. . . .	2 Octobre 3 h. s.	
1842.	. . . .	29 Juillet.	
1342.	. . . .	29 Août.	
1860.	. . . .	3 Juin.	7

221 Saint-Rambert-l'Ile-Barbe.

1842.	. . . .	29 Juillet.	
1844.	. . . .	15 Septembre.	
1848.	. . . .	8 Septembre.	
1851.	. . . .	14 Août.	
1854.	. . . .	11 Juillet.	
1861.	. . . .	6 Juillet.	6

222 Saint-Romain-au-Mont-d'Or.

1823.	. . . .	Sans date.	
1828.	. . . .	6 Mai.	
1838.	. . . .	Sans date.	
1841.	. . . .	2 Octobre.	
1850.	. . . .	23 Août.	
1851.	. . . .	Sans date.	
1854.	. . . .	11 Juillet.	
1857.	. . . .	30 Juin.	
1865.	. . . .	6 Juillet.	9

A REPORTER. . 1677

REPORT. . 1677

223 Saint-Romain-de-Popey.

1822.	. . . .	Sans date.	
1828.	. . . .	6 Juillet.	
1854.	. . . .	1er Août.	
1857.	. . . .	16 Mai.	4

224 Saint-Romain-en-Gal.

1819.	. . . .	Sans date.	
1822.	. . . .	Sans date.	
1834.	. . . .	Sans date.	
1835.	. . . .	Sans date.	
1838.	. . . .	30 Mai.	
1840.	. . . .	14 Août.	
1843.	. . . .	4 Juin.	
1850.	. . . .	1er Juin.	
1850.	. . . .	2 Juin.	
1851.	. . . .	8 Juillet.	
1851.	. . . .	11 Juillet.	
1857.	. . . .	21 Juillet.	
1863.	. . . .	10 Juin.	
1865.	. . . .	21 Mai.	14

225 Saint-Romain-en-Gier.

1819.	. . . .	Sans date.	
1841.	. . . .	5 Juillet.	
1844.	. . . .	18 Septembre.	
1848.	. . . .	3 Août.	
1857.	. . . .	1er Septembre.	
1859.	. . . .	21 Juillet.	
1864.	. . . .	16 Juillet.	
1865.	. . . .	15 Mai.	8

226 Saint-Sorlin.

1822.	. . . .	Sans date.	
1823.	. . . .	Sans date.	
1824.	. . . .	13 Août.	
1826.	. . . .	5 Août.	
1834.	. . . .	Sans date.	
1839.	. . . .	Sans date.	
1841.	. . . .	Nuit du 2 au 3 Octobre.	
1842.	. . . .	21 Juin.	
1842.	. . . .	6 Août.	
1851.	. . . .	29 Juillet.	
1851.	. . . .	14 Août.	
1856.	. . . .	11 Juin.	
1857.	. . . .	1er Septembre.	
1864.	. . . .	16 Juillet.	14

227 Saint-Symphorien-sur-Coise.

1819.	. . . .	Sans date.	
1822.	. . . .	Sans date.	
1850.	. . . .	7 Juin.	
1856.	. . . .	10 Juin.	4

A REPORTER. . 1721

9

REPORT. . 1721   REPORT. . 1763

228 Saint-Vérand.

1828.	6 Juillet.	
1830.	16 Juillet.	
1834.	Sans date.	
1835.	10 Juin.	
1844.	18 Septembre.	
1848.	27 Mai.	
1851.	14 Août.	
1851.	17 Août.	
1854.	31 Juillet.	
1857.	17 Août.	
1859.	22 Mai.	
1865.	8 Juillet.	12

229 Saint-Vincent-de-Rheins.   0

230 Salles

1828.	1er Mai.	
1828.	17 Juin.	
1835.	2 Juin.	3

231 Sarcey.

1828.	6 Juillet.	
1841.	21 Mai.	
1841.	21 Juin.	
1841.	22 Juin.	
1857.	16 Mai.	
1864.	5 Juin.	6

232 Sauvages (les).

1822.	Sans date.	
1828.	6 Juillet.	
1834.	Sans date.	
1844.	4 Juillet.	
1844.	17 Juillet.	
1848.	30 Septembre.	6

233 Savigny.

1819.	Sans date.	
1834.	Sans date.	
1835.	Sans date.	
1840.	25 Août.	
1841.	21 Juin.	
1844.	22 Juin.	
1845.	23 Juillet. 4 h. s.	
1848.	14 Août.	
1851.	10 Juillet.	
1854.	11 Juillet.	
1858.	25 Mai.	
1859.	21 Juillet.	
1862.	8 Juin.	
1864.	5 Juin.	
1866.	20 Août.	15

A REPORTER. . 1763

234 Soucieu-en-Jarret.

1823.	Sans date.	
1839.	16 Août.	
1839.	16 Septembre.	
1840.	8 Août.	
1842.	21 Juin.	
1848.	15 Juillet.	
1848.	3 Août.	
1850.	23 Août.	
1851.	30 Juillet.	
1851.	14 Août.	
1859.	25 Avril.	
1860.	9 Juillet.	
1861.	6 Juillet.	
1864.	16 Juillet.	
1865.	13 Mai.	15

235 Sourcieux-sur-Sain-Bel

1822.	Sans date.	
1840.	25 Août. 4 h. s.	
1841.	2 Octobre. 3 h. s.	
1842.	20 Juillet.	
1842.	29 Août.	
1843.	23 Juillet. 4 h. s.	
1854.	11 Juillet.	
1856.	5 Mai.	
1856.	13 Août.	
1860.	3 Juin.	
1864.	18 Juillet.	11

236 Souzy.

1819.	Sans date.	
1822.	Sans date.	
1834.	26 Août.	3

237 Taluyers.

1822.	Sans date.	
1823.	Sans date.	
1824.	13 Août.	
1839.	15 Août.	
1840.	14 Août.	
1840.	25 Août.	
1842.	21 Juin.	
1848.	3 Août.	
1857.	1er Septembre.	
1861.	9 Juin.	
1864.	16 Juillet.	
1865.	15 Mai.	12

238 Taponas.   0

239 Tarare.

1828.	6 Juillet.	
1834.	17 Août.	2

A REPORTER. . 1806

REPORT. . 1806

240 Tassin.

1820.	. . . .	Sans date.
1833.	. . . .	Sans date.
1834.	. . . .	2 Juillet.
1834.	. . . .	4 Juillet.
1842.	. . . .	5 Juillet.
1848.	. . . .	4 Août.
1851.	. . . .	20 Juillet.
1858.	. . . .	27 Juillet.
1861.	. . . .	6 Juillet. 9

241 Ternand.

1828.	. . . .	2 Septembre.
1830.	. . . .	16 Juillet.
1833.	. . . .	15 Juillet.
1834.	. . . .	5 Juillet.
1834.	. . . .	2 Août.
1834.	. . . .	5 Août.
1844.	. . . .	18 Septembre.
1854.	. . . .	31 Juillet.
1863.	. . . .	16 Août.
1865.	. . . .	8 Juillet. 10

242 Theizé.

1834.	. . . .	2 Juillet.
1835.	. . . .	10 Juillet.
1844.	. . . .	18 Septembre.
1851.	. . . .	14 Août.
1859.	. . . .	du 4 au 5 Août. 5

243 Thel.

1822.	. . . .	Sans date.
1830.	. . . .	Sans date.
1833.	. . . .	24 Mai midi.
1838.	. . . .	30 Mai.
1854.	. . . .	1er Août.
1859.	. . . .	10 Août.
1859.	. . . .	12 Août.
1860.	. . . .	3 Juin.
1862.	. . . .	24 Mai. 9

244 Thizy.   0

245 Thurins.

1822.	. . . .	Sans date.
1823.	. . . .	Sans date.
1828.	. . . .	5 Juillet.
1834.	. . . .	4 Juillet.
1835.	. . . .	28 Juillet.
1841.	. . . .	28 Mai, entre 2 et 3 h. s.
1842.	. . . .	du 2 au 3 Octobre.
1842.	. . . .	21 Juin.

A REPORTER. . 1839

REPORT. . 1839

1844.	. . . .	24 Juin.
1848.	. . . .	3 Août.
1850.	. . . .	30 Mai.
1850.	. . . .	6 Août.
1851.	. . . .	29 Juillet, 3 h. s.
1851.	. . . .	14 Août.
1857.	. . . .	1er Septembre.
1858.	. . . .	27 Juillet.
1859.	. . . .	25 Avril.
1860.	. . . .	9 Juillet.
1861.	. . . .	6 Juillet.
1864.	. . . .	16 Juillet.
1865.	. . . .	9 Juillet.
1866.	. . . .	30 Juin.
1866.	. . . .	20 Août. 23

246 Tour-de-Salvagny (la).

1819.	. . . .	Sans date.
1835.	. . . .	Sans date.
1838.	. . . .	31 Mai.
1839.	. . . .	16 Septembre.
1839.	. . . .	4 Octobre.
1840.	. . . .	14 Juillet.
1841.	. . . .	2 Octobre.
1842.	. . . .	29 Juillet.
1842.	. . . .	6 Août.
1843.	. . . .	23 Juillet, 5 h. s.
1854.	. . . .	11 Juillet.
1860.	. . . .	3 Juin.
1863.	. . . .	22 Juillet. 13

247 Trades.

1850.	. . . .	28 Juin.
1850.	. . . .	29 Juin.
1866.	. . . .	24 Juin.
1866.	. . . .	25 Juin.
1866.	. . . .	29 Juin.
1866.	. . . .	30 Juin. 6

248 Trèves.

1857.	. . . .	21 Juillet.
1857.	. . . .	1er Septembre.
1865.	. . . .	15 Mai. 3

249 Tupin-Semons.

1820.	. . . .	Sans date.
1822.	. . . .	Sans date.
1830.	. . . .	Sans date.
1843.	. . . .	25 Juillet.
1851.	. . . .	14 Août.
1857.	. . . .	21 Juillet.
1857.	. . . .	1er Septembre.
1860.	. . . .	26 Septembre.

A REPORTER. . 1884

1865.	9 Juillet.	9

250 Valsonne.

1824.	14 Mai.	
1864.	13 Juillet.	
1866.	27 Mai.	
1866.	28 Mai.	4

251 Vaugneray.

1819.	Sans date.	
1822.	Sans date.	
1833.	25 Août.	
1834.	4 Juillet.	
1835.	8 Juin.	
1835.	28 Juillet.	
1839.	12 Mai.	
1840.	14 Août.	
1848.	4 Août.	
1850.	28 Août.	
1851.	14 Août.	
1859.	12 Juin.	
1860.	3 Juin.	
1861.	6 Juillet.	
1866.	20 Août.	15

252 Vaux.

1822.	Sans date.	
1823.	Sans date.	
1824.	31 Juillet.	
1824.	1er Août.	
1826.	6 Août.	
1834.	30 Juillet.	
1835.	30 Mai.	
1843.	4 Août.	
1843.	14 Août.	
1850.	12 Juin.	
1861.	18 Juin.	
1861.	5 Juillet.	
1861.	6 Juillet.	
1863.	16 Août.	
1865.	8 Juillet.	15

253 Vaux-Renard.

1822.	Sans date.	
1834.	Sans date.	
1848.	14 Août.	
1850.	29 Juin.	
1851.	7 Août.	
1856.	15 Mai.	
1859.	20 Juillet.	
1864.	14 Juin.	
1865.	8 Juillet.	9

A REPORTER. . 1936

254 Venissieux.

1865.	15 Mai.	1

255 Vernaison.

1839.	16 Août.	
1842.	21 Juin.	
1842.	29 Juillet.	
1842.	6 Août.	
1848.	3 Août.	
1859.	25 Avril.	
1864.	16 Juillet.	
1865.	15 Mai.	2

256 Vernay.

1826.	10 Août.	1

257 Ville (la), près Thizy.   0

258 Villechenève.

1835.	20 Mai.	
1835.	28 Mai.	
1840.	14 Mai.	
1841.	22 Juin.	
1842.	10 Juin.	
1842.	15 Juillet.	
1851.	17 Août.	
1855.	10 Septembre.	
1865.	9 Juillet.	9

259 Villefranche-sur-Saône.   0

260 Villié.

1824.	13 Août, 3 h. s.	
1828.	17 Juin.	
1834.	11 Juin.	
1838.	30 Mai.	
1842.	22 Juin.	
1850.	1er Août.	
1851.	7 Août.	
1851.	17 Août.	
1855.	16 Juillet.	
1856.	16 Août.	
1856.	21 Août.	
1863.	16 Août.	
1865.	8 Juillet.	13

261 Ville-sur-Jarnioux

1822.	Sans date.	
1828.	9 Août.	
1830.	16 Juillet.	
1844.	18 Septembre.	
1850.	7 Juillet.	
1850.	8 Juillet.	

A REPORTER. . 1968

REPORT. . 1968

REPORT. . 1981

1851.	14 Août.	
1859.	4 Août.	
1859.	5 Août.	
1863.	29 Avril.	
1863.	30 Avril.	
1865.	16 Mai.	12

1839.	16 Août.	
1842.	Sans date.	
1848.	3 Août.	
1859.	25 Avril.	
1864.	16 Juillet.	
1865.	15 Mai.	8

662 **Villeurbanne.**

1865.	15 Mai.	1

664 **Yzeron.**

663 **Vourles.**

1823.	Sans date.	
1824.	13 Août.	

1822.	Sans date.	
1834.	Sans date.	
1840.	14 Août.	
1859.	25 Avril.	
1865.	9 Juillet.	
1866.	20 Août.	6

A REPORTER. . 1981

TOTAL GÉNÉRAL. . 1995

—

RÉCAPITULATION DES COMMUNES

D'APRÈS LE NOMBRE DES GRÊLES

AYANT OCCASIONNÉ

DES DÉGATS ASSEZ IMPORTANTS

COMMUNES	NOMBRE DES GRÊLES	COMMUNES	NOMBRE DES GRÊLES	COMMUNES	NOMBRE DES GRÊLES
Brulliolles	23	Saint-Sorlin	14	Ste-Catherine-s.-River.	11
Thurins	23	Beaujeu	13	St-Just-d'Avray	11
Saint-Martin-de-Cornas	22	Brignais	13	St-Mamert	11
Chaussan	20	Durette	13	Sourcieux-s/-Sain-Bel	11
Echalas	20	Fleurie	13	Chaponost	10
Régnié	20	Hayes (les)	13	Chenas	10
St-Didier-sous-Riverie	19	Lentilly	13	Fleuricux-s.-l'Arbresle	10
Ampuis	18	Létra	13	Grézieux-la-Varenne	10
Brussieu	18	Messimy	13	Larajasse	10
Chassagny	18	Poleymieux	13	Ranchal	10
Longes-et-Trèves	18	Quincié	13	St-Cyr-au-Mont-d'Or	10
St-Andéol-le-Château	18	Saint-André-la-Côte	13	St-Cyr-sur-Rhône	10
Saint-Julien-sur-Bibost	18	St-Germain-au-Mt-d'Or	13	St-Didier-au-Mont-d'Or	10
St-Maurice-s.-Dargoire	18	Saint-Jean-de-Toulas	13	St-Étienne-la-Varenne	10
Rontalon	17	Tour-de-Salvigny	13	Ternand	10
Bibost	17	Villé	13	Azolette	9
Chambost-Allières	16	Condrieu	12	Claveisolles	9
Courzieux	16	Curis	12	Collonges	9
Mornant	16	Limonest	12	Écully	9
Saint-Martin-en-haut	16	Loire	12	Liergues	9
Savigny	15	Ouroux	12	Montromant	9
Soucieu-en-Jarret	15	Pollionnay	12	Oingt	9
Vaugneray	15	St-Genis-l'Argentière	12	Poule	9
Vaux	15	St-Jacques-des-Arrêts	12	St-Clément-s.-Valsonne	9
Albigny	14	Saint-Vérand	12	St-Genis-Laval	9
Chevinay	14	Taluyers	12	St-Laurent-d'Oingt	9
Chiroubles	14	Ville-sur-Jarnioux	12	Ste-Paule	9
Couzon	14	Bessenay	11	St-Romain-au-Mt-d'Or	9
Joux	14	Bully	11	Tassin	9
Juliénas	14	Cenves	11	Thel	9
Marchampt	14	Dommartin	11	Tupin-Semons	9
Orliénas	14	Irigny	11	Vauxrenard	9
Saint-Laurent-d'Agny	14	Montagny	11	Villechenève	9
Saint-Romain-en-Gal	14	Montrotier	11	Eveux	8

COMMUNES	NOMBRE DES GRÊLES	COMMUNES	NOMBRE DES GRÊLES	COMMUNES	NOMBRE DES GRÊLES
Jullié	8	St-Rambert-l'Ile-Barbe .	6	Denicé	3
Lancié	8	Sarcey	6	Fontaines-St-Martin .	3
Lantignié	8	Sauvages (les)	6	Frontenas	3
Meys	8	Trades	6	Halles (les) le Fenoïl . .	3
Quincieux	8	Yzeron	6	Haute-Rivoire	3
Rivolet	8	Ancy	5	Marnand	3
St-Christophe	8	Arbresle (l')	5	Millery	3
St-Jean-d'Ardières . .	8	Ardillats (les)	5	Ouilly	3
St-Julien	8	Aveize	5	St-Bonnet-le-Troncy .	3
Saint-Romain-en-Gier .	8	Charentay	5	St-Laurent-de-Cham .	3
Vernaison	8	Chères (les)	5	Salles	3
Vourles	8	Chessy	5	Souzy	3
Avenas	7	Civrieux-d'Azergues . .	5	Ambérieux	2
Bourg-de-Thizy	7	Dième	5	Arnas	2
Brindas	7	Gleizé	5	Bagnols	2
Chamelet	7	Lacenas	5	Belleville-sur-Saône . .	2
Charly	7	Limas	5	Cailloux-sur-Fontaines .	2
Coise	7	Lucenay	5	Chambost-Longessaigne	2
Corcelle	7	Montmelas	5	Chapelle-de-Mardore .	2
Cublize	7	Nuelles	5	Chapelle-de-Vaudragon .	2
Dareizé	7	Oullins	5	Fontaines-sur-Saône . .	2
Duerne . . . , . . .	7	Propières	5	Francheville	2
Lamure	7	Saint-Bel	5	Grigny	2
Neuville-sur-Saône . .	7	St-Bonnet-des-Bruyères	5	Marcilly-d'Azergues . .	2
Odenas	7	Sainte-Colombe	5	Pontcharra	2
St-Clément-les-Places .	7	Ste-Foy-l'Argentière . .	5	Tarare	2
St-Didier-sur-Beaujeu .	7	Saint-Loup	5	Belmont	1
Saint-Forgeux	7	Theizé	5	Bron	1
Saint-Jean-la-Bussière .	7	Alix	4	Chapelle-sur-Coise . . .	1
St-Nizier-d'Azergues . .	7	Anse	4	Chenelette	1
Saint-Pierre-la-Palud .	7	Bois-d'Oingt	4	Dracé	1
Arbuissonas	6	Chatillon-d'Azergues . .	4	Lachassagne	1
Blacé	6	Emeringe	4	Legny	1
Breuil (le)	6	Etoux (les)	4	Lozanne	1
Cercié	6	Fleurieux-sur-l'Arbresle	4	Mardore	1
Charbonnières	6	Givors	4	Riverie	1
Chasselay	6	Lissieu	4	Ronno	1
Craponne	6	Marcy-Lachassagne . .	4	Saint-Apollinaire	1
Dardilly	6	Morancé	4	Saint-Cyr-le-Chatoux . .	1
Grandris	6	Monsol	4	Saint-Jean-des-Vignes .	1
Grézieu-le-Marché . .	6	Pomeys	4	Venissieux	1
Longessaigne	6	Rochetaillée	4	Vernay	1
Marcy et Ste-Consorce .	6	St-Genis-les-Ollières .	4	Villeurbanne	1
Moiré	6	St-Romain-de-Popey . .	4	Chazay-d'Azergues . .	0
Olmes (les)	6	St-Symphorien-s-Coise .	4	Echarmeaux (les) . . .	0
Pommiers	6	Valsonne	4	Meaux	0
Pouilly-le-Monial . . .	6	Affoux	3	St-Vincent-de-Rheins .	0
Sainte-Foy-les-Lyon . .	6	Aigueperse	3	Taponas	0
Saint-Germain-s-l'Arbresle	6	Amplepuis	3	Thizy	0
Saint-Igny-de-Vers . .	6	Caluire	3	Ville (la)	0
Saint-Lager	6	Charnay	3	Villefranche	0
St-Laurent-de-Vaux . .	6	Cogny	3	Vaulx-en-Velin	0
Saint-Marcel	6	Cours	3		

N° IV

—

DIRECTIONS SUIVIES PAR LES ORAGES

ACCOMPAGNÉS DE GRÊLE

DANS LE DÉPARTEMENT DU RHONE

DE 1824 A 1866 INCLUS

———

Les années comprises entre 1819 et 1824, n'ayant pas de dates précises,
ont été laissées de côté, ainsi que les orages dont les dégats n'ont atteint qu'une, deux ou trois communes,
de colonnes orageuses différentes.

———

1824

10 JUILLET

St-Laurent-de-Cha- mousset. . . . . . Bessenay . . . . Bibost. . . . . Brussieu . . . . Brullioles . . . . Chevinay . . . . . . Courzieu . . . . St-Pierre-la-Palud. . Dommartin . . . . . Limonest . . . . Civrieux-d'Azergues. Chasselay . . . . . . St-Germain-au-Mont- d'Or. . . . . Albigny	Chaîne du Boucivre. Massif B.

16 JUILLET

St-Clément-des-Places Chambost-Longessai- gne . . . . Longessaigne . . . . . Brussieu.	Versant occidental de la chaîne du Bouci- vre.
Liergues . . . . Pouilly-le-Monial. . . Pommiers. . . . . . . Anse.	Massif A.
Lucenay . . . . . . Marcy-Lachassagne .	Colonne peu orageuse entre les li- gnes des deux massifs.
Chasselay . . . . . . Saint-Germain-au-Mt- d'Or. . . . . Neuville. . . . . Quincieux.	Massif B.

(Chaîne du Boucivre)

1ᵉ AOUT

Vaux. . . . . St-Etienne-la-Varen- ne. . . . . Odenas . . . . Charentay. . . . . . . St-Jean-d'Ardière . .	Arête de Pramenoux.

13 AOUT

St-André-la-Côte . . Chaussan . . . . St-Laurent-d'Agny. . Rontalon . . . . Orliénas. . . . . Vourles . . . . Brignais. . . . . Irigny	Massif St-André.
Riverie . . . . Ste-Catherine-sur-Ri- verie . . . . St-Maurice-sur-Dar- goire . . . . St-Didier-sur-Riverie. St-Sorlin . . . . Mornant. . . . . Montagny. . . . . . . Chassagny. . . . . . . Taluyers . . . . Charly.	Chaîne de Riverie.
Claveisolles. . . . . . Marchampt . . . . . . Quincié . . . . Durette . . . . Régnié. . . . . Lantignié . . . . Villié . . . . Corcelles . . . . St-Jean-d'Ardière. . .	Arête de Pramenoux.

1826

4 JUILLET

St-Didier-sur-Beau-
jeu . . . .
Beaujeu. . . . .   Arête de Pramenoux.
Etoux (les) . . . . . .

5 AOUT

St-Sorlin . . . .
Mornant. . . . .   Chaine de Riverie.

Poleymieux. . . . . .
Curis . . . .   Chaine du Boucivre.
St-Germain-au-Mont-   Massif B.
d'Or. . . . .

1828

6 MAI

St-Romain . . . . . .
Couzon . . . .   Chaine du Boucivre.
Albigny . . . .   Massif B.

21 MAI

Ouilly. . . . .
Arnas . . . .   Arête des Sauvages.

11 JUIN

Quincié . . . .
Régnié. . . . .
Villié . . . .
Lancié. . . . .   Arête de Pramenoux
Corcelles . . . .
St-Jean-d'Ardière . .
Dracé . . . .

Arbuissonnas. . . . .
St-Etienne-la-Varen-
ne. . . . .   Arête des Mollières.
Charentay. . . . . . .
Salles . . . .

5 JUILLET

Duerne . . . .   Colonne Yzeron.

St-Martin-en-Haut. .
Thurins. . . . .   Massif St-André.
Messimy. . . . .

6 JUILLET

Sauvages (les). . . . .   Arête des Sauvages.

Joux. . . . .
St-Marcel . . . .
Tarare . . . .
St-Romain-de-Popey.
St-Loup . . . .
Dareizé . . . .
St-Clément-sur-Val-
sonne. . . . .   Chaine du Boucivre.
Bois-d'Oingt . . . .   Massif A.
St-Vérand. . . . . .
Breuil (le). . . . . .
Olmes (les) . . . . .
Sarcey. . . . .
Bully . . . .
Frontenas. . . . . . .
Anse. . . . .

St-Germain-sur-l'Ar-   Colonne peu orageuse
bresle. . . . .   entre les massifs A et
Chessy . . . .   B de la chaine du
Lucenay. . . . . . .   Boucivre.
Ambérieux . . . . . .

13 SEPTEMBRE.

Longes et Trèves. . .
Echalas . . . .
Loire . . . .   Chaine du Pilat.
Hayes (les) . . . . . .
Ampuis . . . .

1830

16 JUILLET

Dareizé . . . .
St-Clément-sur-Val-
sonne. . . . .
St-Vérand. . . . . . .
Ternand . . . .
Ville-sur-Jarnioux . .   Chaine du Boucivre.
Pouilly. . . . .   Massif A.
Limas . . . .
Pommiers. . . . . . .
Anse. . . . .
Ouilly . . . .

Ampuis . . . .
Tupin-Semons . . . .   Chaine du Pilat.
Condrieu . . . .

1833

16 JUILLET

Poleymieux. . . . . .
St-Germain-au-Mont-   Chaine du Boucivre.
d'Or. . . . .   Massif B.

14 AOUT

Azolette. . . . .   Versant occidental de
Propières. . . . . . .   l'arête St-Rigaud.

25 AOUT

Vaugneray . . . . . .   Massif du Bois de la
Tassin. . . . .   Verrière.

1834

4 JUILLET

St-Genis-l'Argentière.
Bessenay. . . . .   Versant occidental de
Brussieu. . . . .   la chaine du Bouci-
Courzieu . . . .   vre. Massif B.
Chevinay . . . .

Thurins. . . . .
Messimy. . . . .   Massif St-André.

Vaugneray . . . . . .   Massif du Bois de la
Tassin. . . . .   Verrière.

5 JUILLET

Ternand. . . . .
Oingt . . . .   Chaine du Boucivre.
Moiré . . . .   Massif B.

6 JUILLET

Chères (les). . . . . .   Chaine du Boucivre.
Quincieux. . . . . . .   Massif B.

8 JUILLET

Chambost. . . . . . .   Versant occidental de
Haute-Rivoire. . . . .   la chaine du Boucivre.
St-Clément-des-Places

St-Maurice-sur-Dar-
goire . . . .   Chaine de Riverie.
St-Didier-sur-Riverie.

25 JUILLET

Chaussan . . . . Massif St-André.
Mornant . . . . Chaine de Riverie.

30 JUILLET

Vaux . . . . } Arête des Mollières.
Arbuissonnas . . . . }

Rivolet . . . . }
Cogny . . . . } Arête des Sauvages.
Denicé . . . . }

1er AOUT

Chaussan . . . . Massif St-André.
Mornant . . . . Chaine de Riverie.
Meys . . . . } Versant occidental du
St-Genis-l'Argentière } massif Yzeron

26 AOUT

Affoux . . . . }
Souzy . . . . } Chaine du Boucivre.
St-Forgeux . . . . . } Massif A.

Meys . . . . } Versant occidental du
St-Genis-l'Argentière } massif Yzeron.

1835

10 JUIN

Dareizé . . . . } Chaine du Boucivre.
St-Vérand . . . . . . } Massif A.

10 JUILLET

St-Just-d'Avray . . . } Arête des Sauvages
Lucenas . . . . }

Bois-d'Oingt . . . . . }
Bagnols . . . . }
Moiré . . . . }
Frontenas . . . . . . } Chaine du Boucivre.
Theizé . . . . } Massif A.
Pouilly-le-Monial . . }
Anse . . . . }
Marcy-la-Chassagne . }

28 JUILLET

Thurins . . . . Massif St-André.

Vaugneray . . . . . . } Massif du Bois de la Ver-
Grézieu . . . . } rière.

St-Laurent-de-Vaux . Massif Yzeron.

1838

6 MAI

St-Jean-la-Bussière . . } Vallée du Rheins.
Cublize . . . . }

30 MAI

St-Jean-la-Bussière . . }
Cublize . . . . }
Cours . . . . }
Thel . . . . } Vallée du Rheins.
Ranchal . . . . }
Poule . . . . }

Regnié . . . . }
Chiroubles . . . . . . } Arête de Pramenoux.
Villié . . . . }

St-Romain-en-Gal . . } Chaine du Pilat.
Condrieu . . . . }

31 MAI

Brussieu . . . . }
Bessenay . . . . }
Bibost . . . . } Chaine du Boucivre.
Chevinay . . . . . . } Massif B.
Tour-de-Salvagny . . }

Grézieu la-Varenne . }
Marcy et Sainte-Con- } Massif du Bois de la
sorce . . . . } Verrière.

4 JUIN

Fleurieux - sur - l'Ar- }
bresle . . . . } Chaine du Boucivre.
Curis . . . . } Massif B.
Albigny . . . . }

1839

12 MAI

Vaugneray . . . . . . } Massif du Bois de la Verrière.

St-Laurent-de-Vaux . } Massif Yzeron.
Brindas . . . . }

Messimy . . . . Massif St-André.

9 JUILLET

Poleymieux . . . . . }
Curis . . . . } Chaine du Boucivre.
Albigny . . . . } Massif B.
St-Germain-au-Mont- }
d'Or . . . . }

15 AOUT

St-André-la-Côte . . Massif St-André.

St-Didier-sur-Riverie }
Mornant . . . . }
Montagny . . . . . . } Chaine de Riverie.
Taluyers . . . . }
St-Andéol-le-Château }

16 AOUT

Orliénas . . . . }
Soucieu-en-Jarret . . } Massif St-André.
Brignais . . . . }
Vourles . . . . }

St-Didier-sur-Riverie }
St-Maurice - sur-Dar- }
goire . . . . }
St-Jean-de-Toulas . . } Chaine de Riverie.
St-Andéol-le-Château }
Charly . . . . }
Vernaison . . . . . . }

16 SEPTEMBRE

Limonest . . . . }
Couzon . . . . } Chaine du Boucivre.
Poleymieux . . . . . } Massif B.
Albigny . . . . }

Pollionay . . . . }
Tour-de-Salvagny . . } Arête de St-Bonnet.
St-Cyr-au-Mont-d'Or }

Soucieu . . . . } Massif St-André.
Brignais . . . . }

Craponne . . . . } Massif du Bois de la
Verrière.

1840

17 MAI

Brussieu . . . .}
Brulliolles. . . . . . .} Chaîne du Boucivre. Massif B.

St-Jean-de-Toulas. .}
St-Andéol-le-Château} Vallée du Gier.

19 MAI

Brussieu . . . .}
Brulliolles. . . . . .} Chaîne du Boucivre. Massif B.

22 JUIN

St-Didier-sur-Riverie}
St-Maurice-sur-Dar-} Chaîne de Riverie.
goire . . . .}

St-Jean-de-Toulas. .}
St-Andéol-le-Château}
St-Martin-de-Cornas.} Vallée du Gier.
Chassagny . . . . .}

8 AOUT

Soucieu-en-Jarret . .}
Brignais. . . . . . .} Massif St-André.

14 AOUT

Vaugneray . . . . . .}
Grézieu-la-Varenne .} Massif du Bois de la Ver-
St-Genis-les-Ollières.} rière.

Duerne . . . .}
Yzeron . . . .} Massif Yzeron.

Orliénas. . . . . . .}
Brignais. . . . . . .}
St-Genis-Laval. . . .} Massif St-André.
Oullins . . . .}

Loire . . . .}
St-Romain-en-Gal . .} Chaîne du Pilat.
Hayes (les) . . . . .}

24 AOUT

St-Foy-lès-Lyon . . . Massif Yzeron.

Brignais. . . . . . .}
St-Genis-Laval. . . .} Massif St-André.
Oullins . . . .}

25 AOUT

Savigny . . . .}
L'Arbresle . . . . . .}
Nuelles . . . .}
Eveux. . . . .} Chaîne du Boucivre.
Fleurieu - sur - l'Ar-} Massif B.
bresle. . . . . . .}
Dommartin . . . . . .}

Sourcieux. . . . . . .}
Lentilly. . . . . . .} Arête St-Bonnet.
Dardilly . . . .}

1841

28 MAI

Montrotier . . . . . .}
St-Julien-sur-Bibost.} Chaîne du Boucivre.
Bibost. . . . .} Massif A.

Halles (les) . . . . .} Versant occidental du
St-Clément . . . . .} massif A.
Chambost. . . . . . .} Chaîne du Boucivre.
Longessaigne . . . .}

21 JUIN

Sarcey. . . . .}
Bully . . . .} Massif A.

Halles (les) . . . . .} Versant occi-
Longessaigne. . . . .} dental du
massif A.
Chaîne
du
Brulliolles. . . . . .} Boucivre.
Montrotier . . . . .}
Bibost. . . . .} Massif B.
Savigny. . . . . . .}

Meys. . . . .} Versant occi-
Haute-Rivoire . . . .} dental du
massif B.

22 JUIN

Sarcey . . . .}
Bully . . . .} Massif A.

Villechenève . . . .} Versant occi-
dental du Chaîne
massif A. du
Boucivre
Brulliolles. . . . . .}
Montrotier . . . . .}
Bibost. . . . .} Massif B.
Savigny . . . .}

30 JUIN

St-Martin-de-Cornas.}
Chassagny . . . . .} Vallée de Gier.

5 JUILLET

St-Jean-de-Toulas . .}
St-Andéol-le-Château}
St-Martin-de-Cornas.} Vallée du Gier.
Chassagny . . . . .}
Echalas . . . .}

NUIT DU 2 AU 3 OCTOBRE

Grézieu-le-Marché . .}
Montromant . . . . .}
Courzieu . . . . . .} Orage
Brussieu . . . . . .} Vallée de la anormal
Chevinay . . . . . .} Brevenne
St-Pierre-la-Palud . .}
Sourcieux. . . . . .}
Lentilly. . . . . . .}

Tour de Salvagny. . .}
Dommartin . . . . .}
Collonges. . . . . .}
St-Romain-au-Mont-} Chaîne
d'Or. . . . .} du
Rochetaillée . . . .} Boucivre
Couzon . . . . . .} Massif B.
Poleymieux . . . . .}
Albigny . . . . . .}
Neuville. . . . . . .}
St-Germain-au-Mont-}
d'Or. . . . .}

St-Laurent-de-Vaux . Massif Yzeron.

St-Martin-en-Haut . .}
St-Laurent-d'Agny. .}
Thurins. . . . . . .} Massif St-André.
Rontalon . . . . . .}
Orliénas. . . . . . .}

Ste - Catherine - sur-}
Riverie . . . . . .} Chaîne de Riverie.
St-Didier-sur-Riverie}
St-Sorlin. . . . . .}

Longes et Trèves. . . Chaîne du Pilat.

1842

10 JUIN

Chambost. . . . . . } Versant occidental du
Villechenève . . . . } massif A du Boucivre.

11 JUIN

Albigny. . . . . . . }
Fleurieux-sur-Saône. } Chaîne du Boucivre.
Quincieux. . . . . . } Massif B.

21 JUIN

Azolette. . . . . . . }
Propières. . . . . . }
St-Igny-de-Vers . . . } Versant occidental de
St-Bonnet-des-Bru- } l'arête St-Rigaud.
yères . . . . . . }
Aigueperse . . . . . }

Ouroux . . . . }
St-Mamert . . . . . }
St-Jacques-des-Ar- } Arête St-Rigaud.
rêts. . . . . . . }
Cenves . . . . }

Avenas . . . . }
Emeringes . . . . . }
Jullié . . . . } Arête du Bois Favrot.
Juliénas. . . . . . . }
Fleurié . . . . }

Ranchal. . . . . . . } Versant occidental du
Bois Favrot.

St-André-la-Côte . . }
Chaussan . . . . . }
St-Laurent-d'Agny . . }
Thurins. . . . . . . }
Rontalon . . . . . . } Massif St-André.
Orliénas. . . . . . . }
Soucieu-en-Jarret . . }
Irigny. . . . . . . }

St-Maurice-sur-Dar- }
goire . . . . . . }
St-Sorlin . . . . . . }
Montagny. . . . . . } Chaîne de Riverie.
Taluyers . . . . . . }
Charly. . . . . . . }
Vernaison. . . . . }

St-Martin-de-Cornas } Vallée du Gier.
Givors. . . . . . . }

22 JUIN

Azolette. . . . . . . }
Propières. . . . . . }
St-Igny-de-Vers . . . } Versant occidental de
St-Bonnet-des-Bru- } l'arête St-Rigaud.
yères . . . . . . }
Aigueperse . . . . . }

Ouroux . . . . }
St-Mamert . . . . . } Arête St-Rigaud.
Cenves . . . . }

Avenas . . . . }
Emeringes . . . . . }
Juliénas. . . . . . . } Arête du Bois Favrot.
Jullié . . . . }
Fleurié . . . . }

Durette. . . . . . . }
Régnié. . . . . . . }
Villié. . . . . . . } Arête de Pramenoux.
Lancié. . . . . . . }
Corcelles . . . . . }
Cercié. . . . . . . }

22 JUIN

St-Julien . . . . . . Arête des Sauvages.
Joux . . . . } Chaîne du Boucivre.
Massif A.
Messimy. . . . . . . Massif St-André.

5 JUILLET

Grézieu-la-Varenne. } Massif du Bois de la
Tassin. . . . . . . } Verrière.

13 JUILLET

Mornant. . . . . . . }
Soucieu-en-Jarret . . } Massif St-André.
St-Genis-Laval. . . }

18 JUILLET

Emeringes . . . . . }
Juliénas. . . . . . . } Arête du Bois Favrot.
Jullié . . . . }

29 JUILLET

Bessenay . . . . . }
Brullioles. . . . . . }
Chevinay . . . . . }
Bibost. . . . . . . }
Sourcieux. . . . . . }
St-Julien-sur-Bibost . }
St-Pierre-la-Palud. . }
Eveux. . . . . . . } Chaîne du Boucivre.
Lentilly. . . . . . . } Massif B.
Fleurieux-sur-l'Ar- }
bresle. . . . . . }
Dommartin. . . . . }
Limonest . . . . . }

Pollionay . . . . . }
Tour-de-Salvagny . . }
Dardilly. . . . . . }
St-Didier-au-Mont- }
d'Or. . . . . . . }
St-Cyr-au-Mont-d'Or } Arête de St-Bonnet.
St-Rambert . . . . }
Collonges. . . . . }

Grézieu-le-Marché. . }
Crapone. . . . . . }
St-Genis-les-Ollières. }
Marcy et Sainte-Con- } Massif du Bois de la
sorce . . . . . . } Verrière.
Charbonnières . . . }
Ecully. . . . . . . }

Chaponost . . . . . } Massif St-André.
Oullins . . . . . . }

Ste-Foy-les-Lyon . . Massif Yzeron.
Vernaison. . . . . . Chaîne de Riverie.
Hayes (les) . . . . } Chaîne du Pilat.
Ampuis. . . . . . . }

6 AOUT

Chatillon . . . . . . }
Charnay. . . . . . . } Colonne en-
Moranée . . . . . . } tre les mas- } Chaîne
Marcy-Lachas-agne } sifs A et B. } du
Lucenay . . . . . . } Boucivre.
Dommartin . . . . . } Massif B.
Albigny. . . . . . . }
Tour-de-Salvagny . . Arête St-Bonnet.
Grézieu-la-Varenne . } Massif du Bois de la
Verrière.

6 AOUT.

St-Laurent-de-Vaux.
Brindas . . . . } Massif Yzeron.

St-Laurent-d'Agny. .
Messimy. . . . . . . } Massif St-André.
Irigny. . . . .

St-Sorlin . . . .
Veruaison. . . . . . . } Chaine de Riverie.

29 AOUT

St-Pierre-la-Palud .
Sourcieux-sur-Sam- } Chaine du Boucivre.
Bel . . . .   Massif B.
Arbresle (l') . . . . .

1843

4 JUIN

St-Romain-en-Gal. .
Loire . . . . } Chaine du Pilat.

1844

18 JUIN

Aveize. . . . .
Duerne . . . . } Versant occidental du
St-Genis-l'Argentière   massif Yzeron.
Montromant . . . . .

25 JUIN

St-Didier-au-Mont-
d'Or. . . . . . . } Arête St-Bonnet.
St-Cyr-au-Mont-d'Or.
Collonges. . . . . .

30 JUIN

St-Igny-de-Vers . . . } Versant occidental de
Aigueperse . . . . . } l'arête St-Rigaud.

18 SEPTEMBRE

St-Vérand. . . . . .
Ternand . . . .
St-Laurent-d'Oingt. .
Oingt . . . .
Bois-d'Oingt . . . . } Massif A.
Bagnols. . . . . . .
Theizé . . . .
Ville-sur-Jarnioux . .
Anse. . . . .
              Chaine
Châtillon . . . . . .   du
Charnay . . . . Colonne en- Boucivre.
Morancé . . . . treles mas-
Alix . . . . sifs A et B.
Lucenay. . . . . . .

Curis . . . .
St-Germain-au-Mont-
d'Or. . . . . . . } Massif B.
Quincieux. . . . . .

St-Didier-sur-Riverie
St-Maurice-sur-Dar- } Chaine de Riverie.
goire . . . .

St-Jean-de-Toulas. .
St-Andéol-le-Château } Vallée du Gier.
St-Martin-de-Cornas
Chassagny . . . . .

1845

23 JUILLET

St-Julien-sur-Bibost.
Bibost. . . . .
S in-Bel . . . .
Savigny. . . . .
Eveux. . . . .
Arbresle (l') . . . . .
Fleurieux - sur - l'Ar-
bresle. . . . . } Chaine du Boucivre.
Dommartin. . . . .   Massif B.
Limonest. . . . . .
Poleymieux. . . . .
Chasselay. . . . . .
Curis . . . .
Albigny. . . . . . .
St-Germain-au-Mont-
d'Or . . . .
Quincieux. . . . . .

Bully . . . .
St-Germain-au-l'Ar- }
bresle. . . . . . } Colonne en're les mas-
Nuelles . . . . . . } sifs A et B du Bou-
Civrieux. . . . . . } civre.
Lissieu . . . .
Marcilly . . . . . .

Pollionay . . . . . } Arête St-Bonnet.
Tour-de-Salvagny . .

1848

3 AOUT

Ancy . . . . Massif A du Boucivre.

St-Cyr-au-Mont-d'Or. Arête St-Bonnet.

St-Genis-l'Argentière
Brullioles. . . . . . } Versant occidental du
Bessenay . . . . . . } massif Yzeron.
Brussieu . . . . . .

St-André-la-Côte . .
Chaussan . . . . . .
St-Laurent-d'Agny .
Thurins . . . .
Routalon . . . . . .
Orliénas. . . . . . .
Soucieu-en-Jarret . } Massif St-André.
Messimy. . . . . .
Chaponost . . . . .
Yourles . . . .
Brignais. . . . . . .
St-Genis-Laval . . .

Irigny. . . . . . . } Massif du Bois de la
Grézieu-la-Varenne . } Verrière.

Brindas. . . . . . } Massif Yzeron.
Ste-Foy-les-Lyon . .

Ste-Catherine-sur-Ri-
verie . . . . . .
St-Didier-sur-Riverie
St-Maurice-sur-Dar-
goire . . . . . .
Mornant. . . . . . } Chaine de Riverie.
Montagny. . . . . .
Taluyers . . . . . .
Grigny. . . . . . .
Millery. . . . . . .
Charly. . . . . . .
Vernaison. . . . . .

St-Jean-de-Toulas. .
St-Andéol-le-Château } Vallée du Gier.
St-Martin-de-Cornas
Chassagny. . . . . .

3 AOUT

Echalas . . . . } Chaine du Pilat.
St-Romain-en-Gal . . }

14 AOUT

Savigny . . . .
Eveux . . . .
Fleurieux - sur - l'Ar-
bresle . . . .
Poleymieux . . . . . . } Chaine du Boucivre.
Curis . . . . } Massif B.
St-Germain-au-Mont-
d'Or . . . .
Neuville . . . .

8 SEPTEMBRE

Brullioles . . . .
Brussieu . . . . } Versant occidental du
Chevinay . . . . } massif Yzeron.
Courzieux . . . .

Limonest . . . . }
St-Cyr-au-Mont-d'Or } Arète St-Bonnet.
St-Rambert . . . . . . }

1850

NUIT DU 31 MAI AU 1er JUIN

Chamelet . . . . } Arète des Sauvages.
Létra . . . . }

Givors . . . .
St-Romain-en-Gal . . } Chaine du Pilat.
St-Cyr-sur-Rhône . .

2 JUIN

Loire . . . . } Chaine du Pilat.
St-Romain-en-Gal . . }

7 JUIN

St-Symphorien - sur-
Coise . . . . } Vallée de la Coise.
Pomeys . . . .

24 JUIN

Coise . . . . } Vallée de la Coise
Larajasse . . . .

28 JUIN

St-Jacques - des - Ar-
rêts . . . .
St-Mamert . . . . . } Arète St-Rigaud.
St-Christophe . . . .
Trades . . . .
Cenves . . . .

Montrotier . . . . . . } Chaine du Boucivre.
St-Julien-sur-Bibost . } Massif B.
Bully . . . . }

29 JUIN

St-Jacques-des-Ar-
rêts . . . .
St-Mamert . . . . . } Arète St-Rigaud.
St-Christophe . . . .
Trades . . . .
Cenves . . . .

1er AOUT

Marchampt . . . . .
Beaujeu . . . .
Régnié . . . . } Arète de Pramenoux.
Lantigné . . . . . .
Villié . . . .
Chiroubles . . . . . .

St-Marcel . . . . . . } Chaine du Boucivre.
Liergues . . . . } Massif A.
Gleizé . . . .

23 AOUT

Limonest . . . . . .
St-Romain-au-Mont-
d'Or . . . .
Couzon . . . . } Chaine du Boucivre.
Curis . . . . } Massif B.
Albigny . . . .
Neuville . . . .

St-Didier - au - Mont-
d'Or . . . .
St-Cyr-au-Mont-d'Or } Arète St-Bonnet.
Collonges . . . . . .

Grézieu-la-Varenne . } Massif du Bois de la
Craponne . . . . . . } Verrière.
Charbonnières . . . }

Brindas . . . . Massif Yzeron.

Chaussan . . . . . . } Massif St-André.
Soucieu-en-Jarret . . }

1851

2 JUIN

Rivolet . . . . } Arète des Sauvages.
Montmelas . . . . . .

Chapelle-de-Mandore } Vallée du Rheins.
St-Jean-la-Bussière . }

3 JUIN

Monsol . . . . } Arète St-Rigaud.
St-Mamert . . . . . .

Cublize . . . . } Vallée du Rheins.
St-Jean-d'Ardières . .

1er JUILLET

Brullioles . . . . . .
Bessenay . . . . . . } Chaine du Boucivre.
St-Germain-sur-l'Ar- } Massif B.
bresle . . . . . .

Chaussan . . . . . . } Massif St-André.
St-Laurent-d'Agny . .

St-Didier-sur-Riverie
St-Maurice-sur-Dar- } Chaine de Riverie.
goire . . . . . .
Mornant . . . .

5 JUILLET

Ampuis . . . . } Chaine du Pilat.
Condrieu . . . .

10 JUILLET

Savigny . . . . } Chaine du Boucivre.
Nuelles . . . . } Massif B.

29 JUILLET

St-André-la-Côte . .)
St-Martin-en-Haut. . |
Thurins. . . . . } Massif St-André.
Rontalon . . . . . . |
Messimy. . . . . . . |
Chaponost . . . . . .)

30 JUILLET

Létra . . . . } Arête des Sauvages.
Montmelas . . . . . |

7 AOUT

Avenas . . . . } Arête du Bois Favrot.
Vauxrenard. . . . . |

Quincié . . . .)
Beaujeu. . . . . |
St-Didier-sur-Beau- |
jeu . . . . |
Régnié . . . . } Arête de Pramenoux.
Villié . . . . |
Chiroubles . . . . . . |
Lancié . . . . |
Fleurié . . . . |
Cercié . . . .)

Odenas . . . . Arête des Mollières.

14 AOUT

Dième. . . . .)
Létra . . . . } Arête des Sauvages.
Lacenas. . . . . . .)

Meys. . . . .)
Aveize. . . . . |
Ste-Foy-l'Argentière. } Versant occidental du
St-Genis-l'Argentière | massif Yzeron
Montromant . . . .)

St-Clément-sur-Val-)
sonne. . . . . . . |
St-Vérand. . . . . . |
Ste-Paule. . . . . . |
St-Laurent-d'Oingt . |
Legny . . . . |
Breuil (le) . . . . . } Chaîne du Boucivre.
Moiré . . . . | Massif A.
Frontenas. . . . . . |
Theizé . . . . |
Ville-sur-Jarnioux . |
Liergues . . . . . . |
Pouilly-le-Monial . . |
Pommiers. . . . . .)

Chessy. . . . .)
Morancé. . . . . . . | Colonne entre les mas-
Marcy-Luchassagne . } sifs A et B du Bouci-
Anse . . . . | vre.
Lucenay. . . . . . .)

Collonges. . . . . .)
St-Rambert. . . . . } Arête-St-Bonnet.
St-Didier-au-Mont- |
d'Or. . . . . . .)

Vaugneray . . . . .) Massif du Bois de la
Craponne. . . . . . } Verrière.

Brindas. . . . . . . Massif Yzeron.

St-André-la-Côte. . .)
Chaussan. . . . . . |
St-Martin-en-Haut. . |
Thurins. . . . . . . } Massif St-André.
Rontalon . . . . . . |
Soucieu-en-Jarret . . |
Messimy. . . . . . . |
Chaponost . . . . .)

14 AOUT

St-Sorlin . . . . . . Chaîne de Riverie.

Loire . . . .)
St-Romain-en-Gal. |
Ste-Colombe . . . . |
St-Cyr-sur-Rhône . . } Chaîne du Pilat.
Hayes (les) . . . . . |
Ampuis . . . . |
Tupin-Semons . . .)

17 AOUT

St-Nizier-d'Azergues.)
Marchampt . . . . . |
Durette . . . . |
Beaujeu. . . . . . . |
Régnié . . . . } Arête de Pramenoux.
Villié . . . . |
Chiroubles . . . . . |
Fleurié . . . .)

Belleville . . . . . . Arête des Mollières.

Cogny. . . . .)
Lacenas. . . . . . . } Arête des Sauvages.
Denicé. . . . . . .)

Ancy . . . .)
St-Forgeux . . . . . | Chaîne du Boucivre.
St-Vérand . . . . . } Massif A.
Liergues . . . . . .)

Montrotier . . . . .) Chaîne du Boucivre.
St-Julien-sur-Bibost. } Massif B.

Chambost. . . . . .) Versant occidental du
Longessaigne. . . . } massif B du Bouci-
Villechenève . . . .) vre.

1854

11 JUILLET

Nuelles . . . . } Entre les massifs A et B
du Boucivre.

Montrotier . . . . .)
Savigny. . . . . . . |
Sourcieux. . . . . . |
Lentilly . . . . . . |
Dommartin. . . . . . |
Limonest . . . . . . |
St-Romain-au-Mont- |
d'Or. . . . . . . |
Couzon . . . . } Chaîne du Boucivre.
Poleymieux. . . . . | Massif B.
Curis . . . . |
Albigny . . . . . . |
Fontaines-sur-Saône. |
Fontaines-St-Martin . |
Fleurieux-sur-Saône |
Cailloux-sur-Fontai- |
nes . . . . |
Neuville-sur-Saône. .)

Pollionnay . . . . .)
Tour-de-Salvagny . . |
Dardilly. . . . . . . |
St-Didier-au-Mont- |
d'Or. . . . . . . } Arête St-Bonnet.
St-Cyr-au-Mont-d'Or |
St-Rambert. . . . . |
Collonges. . . . . .)

Charbounières . . .) Massif du Bois de la Ver-
Ecully . . . . } rière.
Caluire . . . .)

St-Clément-des-Pla-) Versant occidental du
ces . . . . } massif B du Boucivre.
Longessaigne. . . .)

31 JUILLET

St-Etienne-la-Varen- / ne. ...... } Arête des Mollières.

St-Just-d'Avray ... /
St-Jullen ...... /
Arnas .... /
Blacé .... } Arête des Sauvages.
St-Georges - de - Re- /
neins .... /

St-Vérand. ..... /
St-Laurent-d'Oingt . } Chaine du Boucivre. Massif A.
Limas. .... /

Amplepuis ...... } Vallée du Rheins.
Ronno. .... /

1er AOUT

Claveisolles. ..... Arête de Pramenoux.

Grandris .... Arête des Mollières.

St-Just-d'Avray ... /
St-Cyr-le-Chatou... } Arête des Sauvages.
Rivolet .... /

St-Romain-de-Popey /
St-Forgeux. ..... /
Bully .... / Massif A.
Pouilly-le-Monial . /

St-Germain-sur-l'Ar- /
bresle. .... /
Belmont. ...... / Colonne en-
Chatillon ...... / tre les mas- Chaine
Chères (les) ..... / sifs A et B. du
St-Jean-des-Vignes . / Boucivre.

Brullioles. ..... /
Bibost. .... /
St-Julien-sur-Bibost. /
Eveux. .... / Massif B.
Chasselay. ..... /
Quincieux. ..... /
St-Germain-au-Mont- /
d'Or. .... /

Bourg-de-Thizy ... /
Mardore. ...... } Vallée du Rheins.
Ranchal. ...... /
Thel. .... /

2 JUIN

St-Just-d'Avray ... } Arête des Sauvages.
Salles .... /

16 JUILLET

Claveisolles. ..... /
Régnié .... /
Villié .... / Arête de Pramenoux.
Lancié .... /
Corcelles ...... /
Cercié. .... /

10 SEPTEMBRE

Chenas .. .. Arête du Bois Favrot.

St-Nizier-d'Azergues /
Claveisolles. ..... /
Marchampt ..... /
Quincié. ...... / Arête de Pramenoux.
Beaujeu. ...... /
St-Didier-sur-Beau- /
jeu .... /
Régnié. .... /

10 SEPTEMBRE

Lamure. ...... } Arête des Mollières.
Odenas .... /

St-Bonnet-le-Troncy. } Vallée du Rheins.
St-Jean-la-Bussière . /

1856

24 MAI

Limas. .... } Massif A du Boucivre.
Gleizé. .... /

10 JUIN

Larajasse. ...... /
Coise .... } Vallée de la Coise.
St-Symphorien-sur- /
Coise .... /

11 JUIN

St-Martin-en-Haut. . Massif St-André.

Ste-Catherine-sur-Ri- /
verie .... } Chaine de Riverie.
St-Sorlin ...... /

13 AOUT

Sourcieux-sur-Sain- /
Bel .... } Massif B du Boucivre.
Lentilly. ...... /

16 AOUT

Chenas .... Arête du Bois Favrot.

Claveisolles. ..... /
Marchampt ..... /
Régnié .... /
Villié .... } Arête de Pramenoux.
Chiroubles ..... /
Lancié .... /
Fleurié .... /

18 AOUT

Chenas .... Arête du Bois Favrot.

Claveisolles. ..... /
Marchampt ..... /
Régnié .... } Arête de Pramenoux.
Chiroubles ..... /
Villié .... /

21 AOUT

Chenas .... Arête du Bois Favrot.

Claveisolles. ..... /
Marchampt . : ... /
Quincié .... /
Durette .... /
Beaujeu. ...... /
Régnié. .... } Arête de Pramenoux.
Lantignié ...... /
Villié .... /
Chiroubles ..... /
Lancié .... /
Fleurié .... /

1857

16 MAI

St-Romain-de-Popey /
Olmes (les) ..... } Chaine du Boucivre. Massif A.
Sarcey. .... /

10

30 JUIN

Couzon	
Poleymieux.	
St-Romain-au-Mont-d'Or.	Chaîne du Boucivre. Massif B.
Fontaines-St-Martin .	
Rochetaillée	

St-Cyr-au-Mont-d'Or   Arête St-Bonnet.

21 JUILLET

Longes	
Trèves	
Echalas	
Loire	
Givors.	
Ste-Colombe	Chaîne du Pilat.
St-Cyr-sur-Rhône. .	
Hayes (les)	
Ampuis	
Tupin-Semons	
Condrieu	

17 AOUT

St-Vérand	Massif A du Boucivre.
Ste-Paule.	

31 AOUT

Quincié.	
St-Didier-sur-Beaujeu	Arête de Pramenoux.

Odenas . . . .   Arête des Mollières.

1er SEPTEMBRE

Ecully	Massif du Bois de la Verrière.
Lyon, Croix-Rousse .	
Chaussan.	
St-Martin-en-Haut. .	Massif St-André.
Thurins.	
St-Maurice-sur-Dargoire	
St-Didier-sur-Riverie.	Chaîne Riverie.
St-Sorlin	
Taluyers	

St-Jean-de-Toulas. .   Vallée du Gier.

Longes	
Trèves.	
Echalas.	
St-Romain-en-Gier .	Chaîne du Pilat.
Hayes (les)	
Ampuis	
Tupin-Semons	
Condrieu	

1858

10 MAI

Breuil (le).	Massif A du Boucivre.
Olmes (les)	

Chessy . . . .   Entre les massifs A. et B du Boucivre.

23 MAI

Ancy	
Breuil ('e)	
Olmes (les)	Massif A du Boucivre.
Lachassagne	
Anse	

23 MAI

Chessy	Entre les massifs A et B du Boucivre.
St-Clément - les - Places	
Chambost.	Versant occidental du massif A du Boucivre.
Longe-saigne.	

Montrotier . . . . .   Massif B du Boucivre.

25 MAI

St-Julien - sur - Bibost	Massif B du Boucivre.
Savigny	

27 JUILLET

Craponne	Massif du Bois de la Verrière.
Tassin.	

Brindas. . . . . . .   Massif Yzeron.

Chaussan	
Thurins	Massif St-André.
Messimy.	

1859

25 AVRIL

Brullioles.	Versant occidental du massif Yzeron.
Brussieu	

Yzeron . . . .   Massif Yzeron.

Thurins.	
Soucieu-en-Jarret. .	
Messimy.	
Chaponost	
Vourles	Massif St-André.
Brignais.	
St-Genis-Laval. . . .	
Irigny.	
Charly	Chaîne de Riverie.
Vernaison.	

22 MAI

St-Andéol-le-Château	Vallée du Gier.
St-Martin-de-Cornas.	

23 MAI

St-Andéol-le-Château	Vallée du Gier.
St-Martin-de-Cornas.	

8 JUIN

Claveisolles.	Arête de Pramenoux.
Beaujeu.	

20 JUILLET

Vauxrenard.	Arête du Bois Favrot.
Juliénas.	

21 JUILLET

Brullioles.	
Bessenay	
Brussieu	
Bibost	Chaîne du Boucivre. Massif B.
St-Julien-sur-Bibost.	
Savigny	
Bully	
St-Romain en-Gier .	Vallée du Gier.
Chassagny	

4 AOUT

Létra . . . .   Arête des Sauvages.

4 AOUT

Ste-Paule . . . . }
St-Laurent-d'Oingt }
Oingt . . . . } Chaine du Boucivre.
Limas . . . . } Massif A.
Ville-sur-Jarnioux . . }
Theizé . . . . }

5 AOUT

Létra . . . . Arête des Sauvages.

Ste-Paule . . . . . . }
St-Laurent-d'Oingt . }
Oingt . . . . }
Theizé . . . . }
Ville-sur-Jarnioux . } Chaine du Boucivre.
Liergues . . . . . . } Massif A.
Limas . . . . }
Pommiers . . . . . . }
Pouilly-le-Monial . . }

10 AOUT

Ranchal . . . . } Vallée du Rheins.
Thel . . . . }

4 SEPTEMBRE

Couzon . . . . } Chaine du Boucivre.
Rochetaillée . . . . } Massif B.

28 SEPTEMBRE

Azolette . . . . . . } Versant occidental de
Propières . . . . . . } l'arête St-Rigaud.
St-Igny-de-Vers . . . }

1860

3 JUIN

Azolette . . . . } Versant occidental de
Propières . . . . . . } l'arête St-Rigaud.

Poule . . . . }
Chenelette . . . . . } Arête du Bois Favrot.
Ardillats . . . . . . }

Régnié . . . . } Arête de Pramenoux.
Lamure . . . . }

St-Etienne-la-Varen- } Arête des Mollières.
ne . . . . }

Ranchal . . . . }
Thel . . . . }
Cours . . . . } Vallée du Rheins.
St-Jean-la-Bussière . }
Amplepuis . . . . . . }

St-Genis-l'Argentière }
Montromant . . . . . }
Courzieux . . . . . . }
Brussieu . . . . . . } Vallée de la Brévenne.
Chevinay . . . . . . }
Bessenay . . . . . . }
St-Pierre-la-Palud . . }

Sourcieux-sur-Sain- }
Bel . . . . }
Sain-Bel . . . . . . }
Eveux . . . . }
Lentilly . . . . }
Dommartin . . . . . }
Limonest . . . . . . } Massif B
Couzon . . . . }   } Chaine
Pollionay . . . . . . }   } du
Chasselay . . . . . . }   } Boucivre.
St-Germain-au-Mont- }
d'Or . . . . }
Quincieux . . . . . . }

Civrieux . . . . . . } Entre les
Lissieu . . . . } massifs A et
Marcilly . . . . . . } B.
Chères (les) . . . . }

3 JUIN

Pollionay . . . . . . }
Tour-de-Salvaguy . . } Arête St-Bonnet.
Dardilly . . . . . . }

Vaugneray . . . . . } Massif du Bois de la Ver-
Marcy et Ste-Consorce } rière.

9 JUILLET

Larajasse . . . . . . }
Coise . . . . } Vallée de la Coise.
Chapelle-sur-Coise (la) }

St-André-la-Côte . . }
St-Martin-en-Haut . . }
Thurins . . . . . . }
Rontalon . . . . . . }
Orliénas . . . . . . }
Messimy . . . . . . } Chainon St-André.
Soucieu-en-Jarret . }
Brignais . . . . . . }
St-Genis-Laval . . . }
Irigny . . . . }
Oullins . . . . }

18 JUILLET

St-Didier-sur-Riverie }
St-Maurice-sur-Dar- } Chaine de Riverie.
goire . . . . }

Echalas . . . . . . } Chaine du Pilat.
Givors . . . . }

14 SEPTEMBRE

Rivolet . . . . }
Denicé . . . . }
Montmelas . . . . . } Arête des Sauvages.
St-Julien . . . . . . }

26 SEPTEMBRE

Ampuis . . . . }
Tupin-Semons . . . . } Chaine du Pilat.
Condrieu . . . . . . }

1861

29 MAI

Villié . . . . }
Chiroubles . . . . . } Arête de Pramenoux.
Fleurié . . . . }

9 JUIN

Taluyers . . . . . . } Chaine de Riverie.
Montagny . . . . . . }

St-Andéol-le-Château }
Chassagny . . . . . } Vallée du Gier.

6 JUILLET

St-Romain-au-Mont- }
d'Or . . . . }
Couzon . . . . }
Rochetaillée . . . . } Chaine du Boucivre.
Fontaines-sur-Saône . } Massif B.
Fontaines-St-Martin . }
Cailloux-sur-Fontai- }
nes . . . . }

Dardilly . . . . . . }
St-Didier-au-Mont- }
d'Or . . . . }
St-Cyr-au-Mont-d'Or . } Arête St-Bonnet.
St-Rambert . . . . . }
Collonges . . . . . . }

6 JUILLET

Vaugneray, Grézieu-la-Varenne, Craponne, St-Genis-les-Ollières, Tassin, Écully, Lyon, Croix-Rousse, Vaulx — Massif du Bois de la Verrière.

Brindas, Francheville — Massif Yzeron.

St-André-la-Côte, St-Martin-en-Haut, Thurins, Rontalon, Messimy, Chaponost, Sourcieu-en-Jarret — Massif St-André.

Ste-Catherine-sur-Riverie — Chaîne de Riverie.

1862

8 JUILLET

St-Appolinaire, Létra — Arête des Sauvages.

Oingt, St-Laurent-d'Oingt — Chaîne du Boucivre. Massif A.

1863

15 AVRIL

Montagny, Chassagny — Vallée du Gier.

29 AVRIL

St-Forgeux, St-Loup, Darcizé, Ville-sur-Jarnioux, Alix — Chaîne du Boucivre. Massif A.

10 JUIN

St-Romain-en-Gal, St-Cyr-sur-Rhône — Chaîne du Pilat.

3 JUILLET

Marcy et Ste-Consorce, Charbonnières — Arête du Bois de la Verrière.

23 JUILLET

Duerne, St-Martin-en-Haut, La Chapelle-sur-Coise, Larajasse — Vallée de la Coise.

16 AOUT

Juliénas — Arête du Bois Favrot.

Marchampt, Quincié, Durette, Régnié, Lantignié, Villié, Lancié — Arête de Pramenoux.

St-Lager, Cercié, St-Jean-d'Ardière — Colonne entre les arêtes de Pramenoux et des Mollières.

Grandris, Arbuissonas, Vaux, St-Étienne-la-Varenne, Odenas — Arête des Mollières.

Dième, Chambost-Allières, Létra, Chamelet, Rivolet, Montmelas, Blacé — Arête des Sauvages.

Joux, St-Clément-sur-Valsonne, Ternand, Ste-Paule — Chaîne du Boucivre. Massif A.

1864

2 JUIN

Chenas, Juliénas — Arête du Bois Favrot.

Durette, Régnié, Lantignié, Quincié, Chiroubles, Corcelles, Fleurié — Arête de Pramenoux.

5 JUIN

Bessenay, Bibost, St-Julien-sur-Bibost, Savigny — Massif B.

Bully, Sarcey — Massif A. } Chaîne du Boucivre.

7 JUIN

Chenas, Juliénas, Jullié — Arête du Bois Favrot.

Quincié, Durette, Lantigné, Corcelles, Fleurié, St-Jean-d'Ardières — Arête de Pramenoux.

14 JUIN

Vauxrenard — Arête du Bois Favrot.

Chiroubles — Arête de Pramenoux.

13 JUILLET

Bourg-de-Thizy, St-Jean-la-Bussière, Amplepuis — Vallée du Rheins.

Valsonne, St-Just-d'Avray, Chambost-Allières — Arête des Sauvages.

16 JUILLET

Chaussan	
St-Martin-en-Haut . .	
St-Laurent-d'Agny . .	
Thurins.	
Rontalon	
Orliénas.	Massif St-André.
Soucieu-en-Jarret . . .	
Chaponost	
Vourles.	
Brignais	
St-Genis-Laval	
Irigny	

St-Maurice-sur-Dar-goire	
St-Didier-sur-Riverie	
St-Sorlin	
Mornant	Chaine de Riverie.
Montagny	
Taluyers.	
Millery	
Charly.	
Vernaison.	

Chassaguy . . . . . . Vallée du Gier.

Longes	
Echalas	Chaine du Pilat.
St-Romain-en-Gier .	

28 JUILLET

St-Martin-de-Cornas . Vallée du Gier.

Echalas	
Loire	Chaine du Pilat.

19 AOUT

Ouroux	
St-Mamert	Arête St-Rigaud.
St-Jacques-des-Arrêts	

1865

15 MAI

St-Laurent-d'Agny. .	
Orliénas.	
Soucieu-en-Jarret . .	
Vourles.	
St-Genis-Laval. . . .	Massif St-André.
Irigny	
Venissieux	
Villeurbanne	
Bron.	

St-Maurice-sur-Dar-goire	
Taluyers	
Montagny	Chaine de Riverie.
Mornant	
Charly	
Vernaison.	

St-Jean-de-Toulas . .	
St-Andéol-le-Château	
St-Martin-de-Cornas.	Vallée du Gier.
Chassagny	

Longes	
Trèves.	Chaine du Pilat.
St-Romain-en-Gier .	

16 MAI

Juliénas. . . . . . . Arête du Bois Favrot.

Arbuissonas	
Belleville	Arête des Mollières.

Lacenas	
Blacé	Arête des Sauvages.
Salles	

Ville-sur-Jarnioux . .	Chaine du Boucivre.
Liergues	Massif A.

21 MAI

St-Romain-en-Gier. .	
Ste-Colombe	Chaine du Pilat.
St-Cyr-sur-Rhône. . .	

8 JUILLET

Vauxrenard.	
Emeringes	
Chenas	Arête du Bois Favrot.
Juliénas.	
Jullié	

St-Bonnet-le-Troncy | Versant occidental de l'arête de Pramenoux.

St-Nizier-d'Azergues.	
Claveisolles.	
Marchampt	
Quincié	
Régnié.	Arête de Pramenoux.
Beaujeu	
St-Didier-s.-Beaujeu.	
Lantignié	
Villié	
Chiroubles	

St-Lager	Colonne entre les arê-tes Pramenoux et des Mollières.
St-Jean-d'Ardière . .	

Grandris	
Lamure.	Arête des Mollières.
Vaux.	

St-Just-d'Avray . . .	
Chambost-Allières . .	
Létra	
Chamelet	Arête des Sauvages.
Montmelas	
Blacé	

Joux.	
St-Marcel	
St-Forgeux	
St-Clément-sur-Val-sonne.	Chaine du Boucivre. Massif A.
St-Vérand.	
Ternand.	

9 JUILLET

Villechenève	Versant occidental du
Chambost-Longessai-gne	massif A du Boucivre.

Yzeron	
St-Laurent-de-Vaux.	Massif Yzeron.

St-André-la-Côte. . .	
Chaussan	
St-Martin-en-Haut . .	Massif St-André.
Thurins.	

Hayes (les)	
Tupin-Semons	Chaine du Pilat.
Condrieu	

1866

27 MAI

St-Nizier-d'Azergues. Arête de Pramenoux

Grandris . . . . . . } Arête des Mollières.
Lamure. . . . . }

Valsonne. . . . . . }
Dième. . . . . . . }
St-Just-d'Avray . . . } Arête des Sauvages.
Létra. . . . . }

Bourg-de-Thisy. . . . } Vallée du Rheins.
Marnand. . . . . . }

Joux. . . . . } Massif A du Boucivre.
Sainte-Paule. . . . }

28 MAI

St-Nizier-d'Azergues. Arête de Pramenoux.

Grandris. . . . . . } Arête des Mollières.
Lamure. . . . . . . }

Valsonne. . . . . . . }
Dième. . . . . } Arête des Sauvages.
Letra. . . . . . . }

Joux. . . . . } Massif A du Boucivre.
Ste Paule. . . . . }

31 MAI

Bourg-de-Thisy. . . . }
Marnand . . . . . . } Vallée du Rheins.
St-Just-d'Avray . . . }

4 JUIN

Bourg-de-Thizy . . . }
Marnand . . . . . . } Vallée du Rheins.
St-Just-d'Avray. . . }

24 JUIN

Ouroux . . . . }
St-Mamert . . . . . }
St-Jacques-des-Arrêts } Arête St-Rigaud.
Trades . . . . }
Cenves . . . . }

Poule. . . . . }
Ranchal. . . . . . . } Vallée du Rheins.
Cublize . . . . . . }

23 JUIN

Ouroux . . . . }
St-Mamert . . . . . }
St-Jacques-des-Arrêts } Arête St-Rigaud.
Trades . . . . }
Cenves . . . . }

Poule . . . . } Vallée du Rheins.
Cublize . . . . }

29 JUIN

Ouroux . . . . }
St-Mamert . , . . . }
St-Jacques-des-Arrêts } Arête St-Rigaud.
Trades . . . . }
Cenves . . . . }

Poule . . . . }
Ranchal. . . . . . . } Vallée du Rheins.
Cublize . . . . . . }

St-Martin-de-Cornas. } Vallée du Gier.
Chassagny . . . . . }

Hayes (les) . . . . . . Chaîne du Pilat.

30 JUIN

Ouroux . . . . }
St-Mamert . . . . . }
St-Jacques-des-Arrêts } Arête St-Rigaud.
Cenves . . . . }
Trades . . . . }

Poule . . . . . ' . . }
Ranchal . . . . . . }
St-Bonnet-le-Troncy. } Vallée du Rheins.
Cublize . . . . . . }

St-Martin-en-Haut . . }
Thurins . . . . . . } Massif St-André.

20 AOUT

St-Genis-l'Argentière }
Montromant . . . . }
Courzieux . . . . . }
Brullioles. . . . . . } Vallée de la Brevenne.
Savigny. . . . . . . }
Bibost. . . . . }
Chevinay . . . . . }

Vaugneray . . . . . } Massif du Bois de la Verrière.

Yzeron . . . . Massif Yzeron.

Thurins. . . . . . . Massif St-André.

DONNÉES NUMÉRIQUES DES COURBES RELATIVES AUX GRÊLES

Tombées dans le département du Rhône entre les années 1819 et 1866

ANNÉES	NOMBRES DES JOURNÉES ORAGEUSES				NOMBRES DES COMMUNES FRAPPÉES PAR LES GRÊLES			
	PRINTEMPS	ÉTÉ	AUTOMNE	TOTAL	PRINTEMPS	ÉTÉ	AUTOMNE	TOTAL
1819	0	1	0	1	0	52	0	52
1820	0	1	0	1	0	2	0	2
1821	0	1	0	1	0	4	0	4
1822	0	1	0	1	0	73	0	73
1823	0	1	0	1	0	36	0	36
1824	2	6	0	8	2	63	0	65
1825	0	0	0	0	0	0	0	0
1826	0	11	0	11	0	25	0	25
1827	0	2	0	2	0	2	0	2
1828	3	12	0	15	8	54	0	62
1829	0	0	0	0	0	0	0	0
1830	0	2	0	2	0	16	0	16
1831	0	0	0	0	0	0	0	0
1832	0	0	0	0	0	0	0	0
1833	3	9	0	12	9	16	0	25
1834	1	24	3	28	2	103	3	108
1835	3	14	0	17	4	42	0	46
1836	0	1	0	1	0	2	0	2
1837	0	0	0	0	0	0	0	0
1838	4	3	0	7	21	12	0	33
1839	3	6	2	11	6	32	11	49
1840	5	15	0	20	12	52	0	64
1841	3	7	4	14	10	27	31	68
1842	0	16	1	17	0	133	1	134
1843	3	7	0	10	3	9	0	12
1844	0	7	5	12	0	17	30	47
1845	0	6	0	6	0	33	0	33
1846	0	0	0	0	0	0	0	0
1847	0	1	0	1	0	1	0	1
1848	1	10	4	15	2	58	11	71
1849	0	1	1	2	0	1	1	2
1850	3	19	1	23	12	60	2	74
1851	2	17	0	19	2	135	0	137
1852	0	0	0	0	0	0	0	0
1853	0	0	0	0	0	0	0	0
1854	1	7	0	8	1	76	0	77
1855	0	8	1	9	0	18	14	32
1856	3	8	0	11	4	42	0	46
1857	3	9	2	14	6	21	26	53
1858	4	5	0	9	17	11	0	28
1859	7	14	2	23	25	47	5	77
1860	0	5	2	7	0	62	7	69
1861	1	5	0	6	5	41	0	46
1862	4	5	1	10	5	8	1	14
1863	4	5	0	9	10	36	0	46
1864	0	11	0	11	0	80	0	80
1865	3	5	1	9	35	50	3	88
1866	4	9	0	13	22	54	0	76

COURBES DES GRÊLES TOMBÉES DANS LE DÉP.T DU RHÔNE DE 1819 à 1866.

Assortiments n.º 1 et 2, les années étant divisées en trois saisons, Printemps, Été et Automne.

1.ᵉʳᵉ Courbe d'après les journées à grêle suivant l'ordre naturel.
2.ᵐᵉ Courbe d'après le nombre des communes frappées par la grêle.

Assortiments n.º 3 et 4, abstraction faite des saisons.

3.ᵐᵉ Courbe d'après les totaux des journées à grêle de chaque année.
4.ᵐᵉ Courbe d'après les totaux des communes frappées par la grêle chaque année.

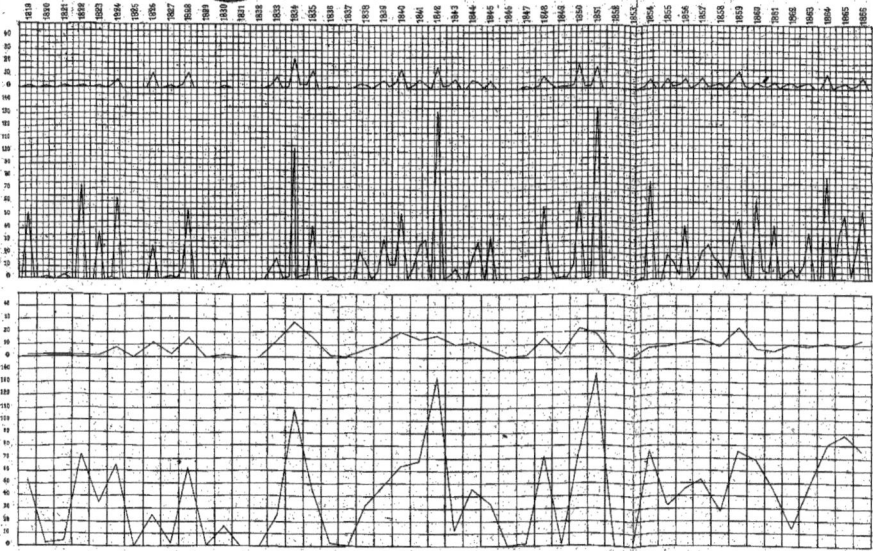

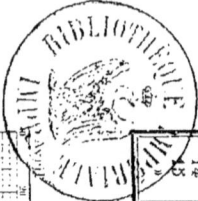

NOMBRE DES GRÊLES TOMBÉES CHAQUE JOUR DANS LE DÉPARTEMENT DU RHÔNE DE 1824 A 1866

DATES	AVRIL	MAI	JUIN	JUILLET	AOUT	SEPT.	OCTOBRE	DATES	AVRIL	MAI	JUIN	JUILLET	AOUT	SEPT.	OCTOBRE
1	»	2	2	3	4	2	»	16	»	4	1	6	5	2	»
2	»	»	7	1	2	1	2	17	»	1	3	3	5	3	»
3	»	1	6	2	2	2	1	18	»	»	3	3	5	1	»
4	»	»	6	5	6	1	1	19	»	1	»	3	1	»	»
5	»	2	3	7	7	1	1	20	»	2	»	4	2	»	»
6	»	3	3	3	3	»	»	21	»	1	3	1	2	»	»
7	»	»	12	6	4	1	»	22	»	2	3	4	2	»	»
8	»	»	3	3	3	4	»	23	»	1	»	5	1	»	»
9	»	1	6	6	3	»	1	24	»	1	4	2	3	»	»
10	»	1	3	3	1	2	»	25	2	»	5	7	2	1	»
11	»	2	2	6	3	»	»	26	1	1	2	2	2	1	»
12	»	1	4	1	1	»	»	27	»	3	2	2	3	1	»
13	»	3	3	3	6	2	»	28	»	4	2	2	2	»	»
14	2	1	4	4	2	1	»	29	1	»	2	6	6	1	»
15	2	2	1	4	2	»	»	30	»	»	5	2	2	»	»
								31		4		2	2		»

COURBE DES GRÊLES TOMBÉES DANS LE DÉPARTEMENT DU RHÔNE DE 1824 A 1866
MISE EN REGARD DE CELLE DES ORAGES DE 1835 A 1855

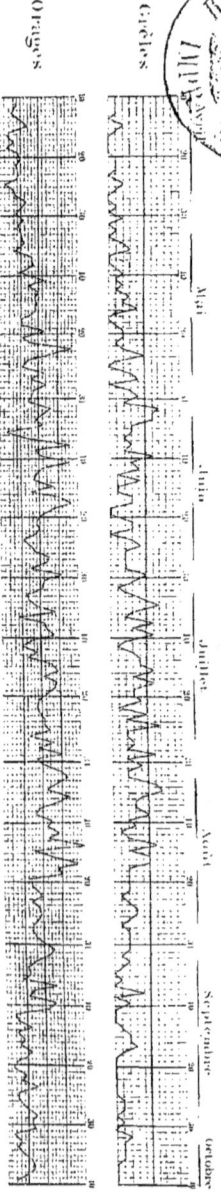

Orages

Grêles

Grêles

Avril — Mai — Juin — Juillet — Août — Septembre — Octobre

www.ingramcontent.com/pod-product-compliance
Lightning Source LLC
Chambersburg PA
CBHW071511200326
41519CB00019B/5902